谢尘 王丽洁 编著

最手绘

室内设计 马克笔效果图步骤详解

U0301834

谢尘 王丽洁 编著　长江出版传媒　湖北美术出版社

本书的使用方法

第一阶段

读者先从线条和马克笔的表现技法入手，在纸上反复练习绘制不同线条，熟练地掌握马克笔的绘制技法。因为数量大，一般要多备纸张，用于练习比较经济。

A

第二阶段

通过对透视的理解和认识，读者能在短时间内掌握一点透视作画步骤、两点透视作画步骤，从技巧中熟悉，了解各种透视技法的表现规律，从而达到最佳的学习效果。

B

第三阶段

掌握室内设计配景的绘制技法后，便可绘制室内设计手绘效果图了。逐步选择较正规的工具以及密度较大、质量较好的纸张，按照书中范画提供的步骤，完成整幅画面的绘制。

C

第四阶段

本书的最后还提供了大量的室内设计手绘效果图范画欣赏。大家在掌握基本手绘的表现技巧后，可以按照自己的喜好，脱离范画的束缚，逐步形成自己独特的绘画风格，自由创作。

D

目录

关于手绘表现

徒手表现是设计师同自己的一种对话，也是演绎创意的手段。手绘的目的在于寻找一种载体，使纸上的图形最终成为现实生活中的实体。手绘的创意如同音乐家和文学家在创作中获得的灵感一样，需要热情，更需要刻苦的磨练。我们不应把手绘表现和图形思维表达只看成一张成功或失败的草图，要认识到它的最大价值在于设计的构思过程和原创的精神。

手绘的专业技能

手绘效果图表现同其他造型艺术一样需要有专业的技巧作为支撑，抽象思维和具象表达成为了人与人交流的一种方式。手绘将侧重于线条、色彩的训练方法和点、线、面构架空间的造型方法作为基础，培养对空间的观察、分析、造型、表现等能力。只有这样才能具备扎实的美术功底和熟练的应用技巧。

针对基本功训练的学习方法有几种：

1.实景写生

对空间结构进行分析，描绘、组合建筑环境的配景，以速写的方式，快速记录现实中的景象。培养脑、眼、手相互协调的表现能力。

2.临摹

从平面的画面中，感受三维立体的空间感，临摹不同风格的表现作品，获取表现技巧与表现形式。

平时在学习过程中，要多临摹一些表现建筑空间的小稿，从平面到立体，从局部到整体，由简入繁，由慢到快，循序渐进地进行学习。要从不同类型的表现技法中找到最适合自己的一种，磨练出具有个性的艺术语言。

手绘的艺术修养

室内手绘图不同于技术性很强的工业图纸，也与纯绘画艺术有一定的区别。除了画面表现手法美观以外，它的最终目的是让观者了解自己的设计意图，将自己的设计带到现实中进行实施，并完美地统一起来，这是学习徒手表现非常重要的一点。手绘作品的艺术成分与精神内涵是设计师艺术修养的体现，是在一定的文化体系、艺术思想指导下完成，并通过"手绘"这一媒介来传递有血有肉、富有哲理的设计理念。艺术修养源于我们全方位地了解与之相关的艺术门类。如：从文学诗意中领略精神意境；从哲学的思辨观念中感受个性的思维方式；从音乐中感悟韵律与节奏；从书画作品中感受线条的灵韵；从油画作品中感受色彩；从影视作品中获取创作灵感。因此，除了平时要做大量的手绘练习以外，还应博览群书，将边缘学科的精髓融入创意思维的表达中。

第一部分　室内设计马克笔技法基础知识

一、基本概念

手绘是介于感性与理性之间的一种绘画形式。感性在于它有绘画的效果和创作的激情，理性体现在它的设计尺度和理性思考。手绘不应与绘画的概念相等同，绘画是用不同的媒材尽情地去表现绘画的主题，手绘只是以绘画的方式来表达设计创意，是以阐明设计为主导，它不是为了完成一幅美术作品。

手绘表达使瞬间的创意灵感谱写在画面，将无形的思维转换为现实生活中有形的体。手绘是与设计师自己对话的一种方式，它最大的价值体现在设计的原创精神。手绘快速表现的特点突出一个"快"字。首先体现在工具的选择上，马克笔把我们从冗长繁琐的绘制过程中解脱出来，并能快速地诠释设计思想，与他人做创作交流。学习手绘不应是流于一种形式的需要，手绘是环境艺术设计专业研究生入学考试和设计师求职应试必须具备的基本功。

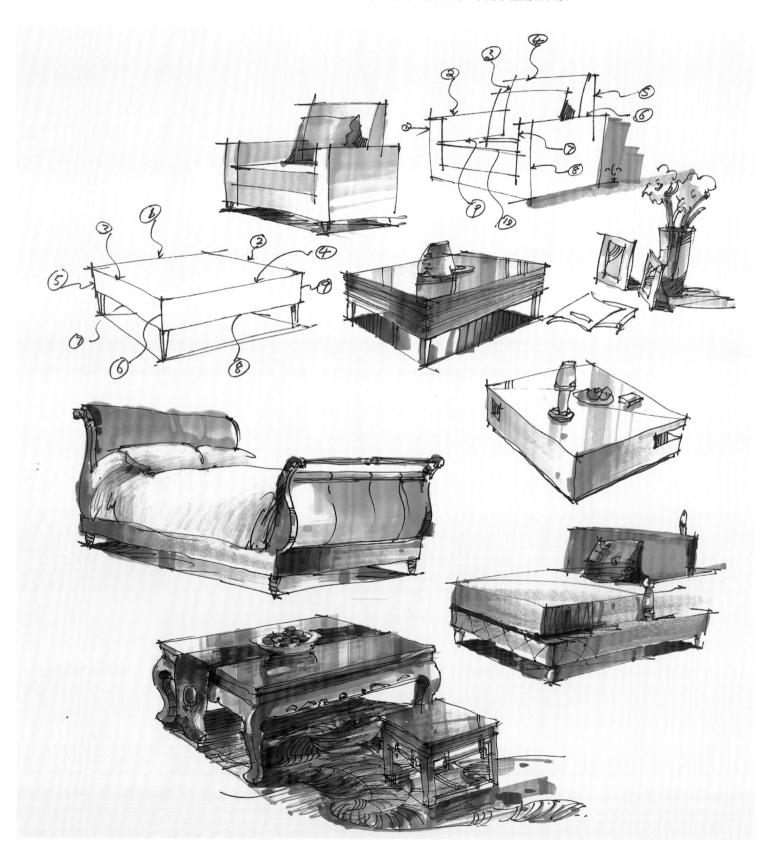

二、表现工具与材料

手绘的表现形式可分为二大类：一是黑白线稿，二是色彩稿。以表现工具划分有钢笔、绘图笔、签字笔、炭笔、水彩、水粉、丙烯、马克笔、彩色铅笔、喷笔等表现形式。室内设计手绘快速表现工具有钢笔、绘图笔、签字笔、马克笔、彩色铅笔和色粉笔。

1.马克笔

马克笔作为一种时尚的表现工具，在室内设计快速表达中起着积极的作用。马克笔品种繁多，其性质只有两种：一种为水性马克笔，一种为油性马克笔。有单头和双头之分，油性与水性从色彩感觉和使用上都有所不同，油性笔用甲苯稀释，有较强的渗透力，既可在硫酸纸上作画，也可在硫酸纸反面上色。这样不仅不会影响正面的线条，而且从正面看上去色彩更为自然协调。缺点是颜色不太稳定，在自然光下会褪色，但运用时手感较好。水性马克笔的颜料可溶于水，缺点是水性笔易伤纸面，色彩会显得灰暗。马克笔的色彩不像水彩、水粉那样可以修改和调和，所以在上色之前一定要做到心中有数、准确无误，一旦落笔就不可犹豫，运笔要稳，造型要准，利用马克笔宽窄面的笔触变化来表现所需的效果。马克笔是一次性的使用品，若溶剂干涸，可用注射器从笔头处将酒精注入油性马克笔笔管内，将水注入水性马克笔笔管内，可反复使用。但这样会降低马克笔色彩的纯度。

马克笔具有快干，不需要用水调和，着色简便，绘制速度快的特点。在选用和购买时要有针对性。如选一组适合画木质品的颜色，一组画植物的颜色，一组画玻璃器皿的颜色等。特别要备一些中性色彩的笔，如灰色系列、原色系列，每一色相要备有深、中、浅几种，以便表现时的色彩过渡。马克笔的效果表现也不能绝对脱离彩色铅笔的辅助。

2.彩色铅笔

彩色铅笔分油性和水溶性，与马克笔结合来用，能表现丰富的色彩关系和色彩间的自然过渡，以弥补马克笔颜色层次的不足，便于修改和调整画面的色彩关系，两者结合能使表现达到理想状态和完美的画面效果。

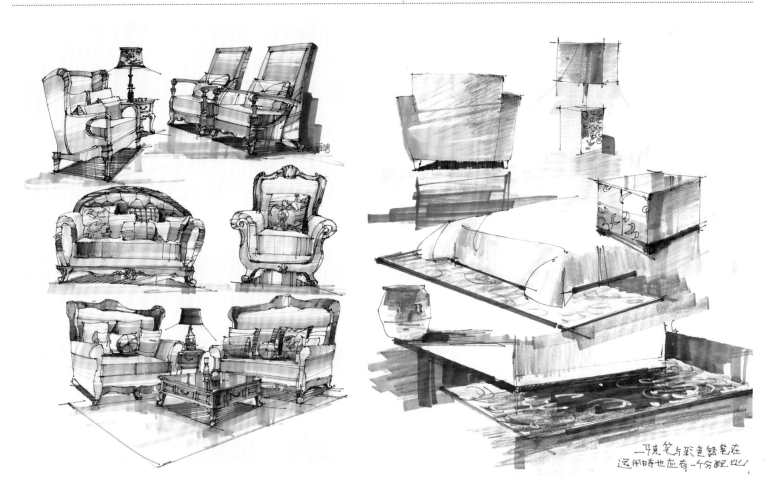

一马克笔与彩色铅笔在
运用时也应有一个分配比例

3.墨、修正液

一般使用防水冲洗的碳素墨水，墨色纯正，不易掉色，作品易保存。在上墨水之前先用清水清洗笔管，这样笔尖就不会堵塞。修正液不仅有修改画面的作用，而且在画面上可用来点出高光，起到画龙点睛的作用。

4.纸

复印纸（80克的纸较好）、拷贝纸、新闻纸、硫酸纸、色卡纸、素描纸、马克笔专用纸、水彩纸。

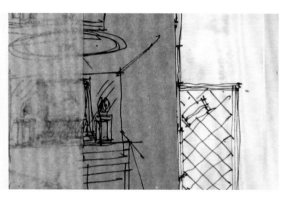

5.记事贴

记事贴有助于我们刻画物体的轮廓，能使画面形象清晰、干净。

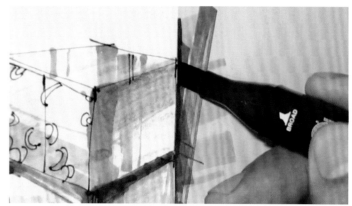

6.尺

在表现很工整的画面时，直尺起到很大的作用。

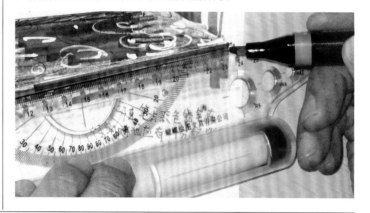

三、运笔与坐姿

手绘设计表现过程中，表现者的坐姿很重要，好的坐姿能决定画面的线条效果，可将运笔与坐姿归纳为以下几点。

（1）直背端正，运气行笔，力透纸背，张弛有度。

（2）握笔可根据自己的习惯和笔势运笔，以稳、顺、准为行笔原则。

（3）画短线以肘做支撑，悬腕而行。

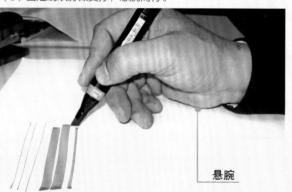

悬腕

（4）画长线和自由的线可悬肘运笔。

悬肘

握笔与行笔因人而异，最终以能传递自己的画风和表现效果为目的。

四、线条练习

线条练习有三种境界：第一种境界是目光随着笔头从头至尾画完一根线条；第二种境界是目光只看线条要到达的终点；第三种境界是用"心"画完一根线条，前提是心中有"形"的概念。

1.线条个性

线条的曲直可以表达物体的动静；线条的虚实可以表达物体的远近；线条的刚柔可以表达物体的软硬；线条的疏密可以表达物体的层次。

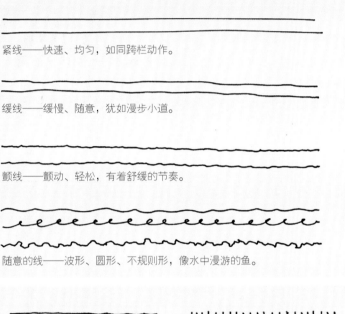

2.画线条用笔的方法

当我们遇到不好把握的长直线和弧线时，可以在纸上设置两个或两个以上的连接点，在某一处点上稍作停顿，然后画出下一段线条，这样就能避免在用笔上出现错误。

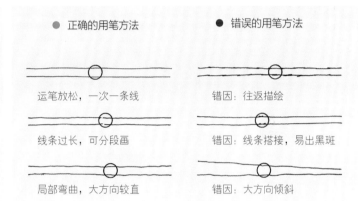

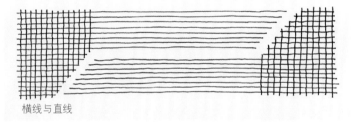

横线与直线

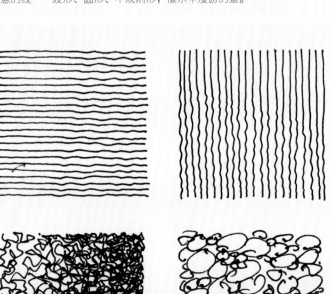

变化的线

随意的线

五、马克笔上色技法

马克笔有其自身的表现特性和上色技巧，我们现在所运用的普遍都是油性马克笔，油性马克笔在快速表现中，应注意以下几点：

1.笔锋

行笔与笔锋也是手绘效果图中很精彩的一部分，它彰显出作者的精神气质和画风，笔锋的形成有平行运笔、侧峰运笔、斜角运笔、笔根运笔。

（1）平行运笔

平行运笔主要表现大的面和面的过渡。

（2）侧锋运笔

侧峰运笔主要表现物体的特殊角度和倾斜的某一个面。

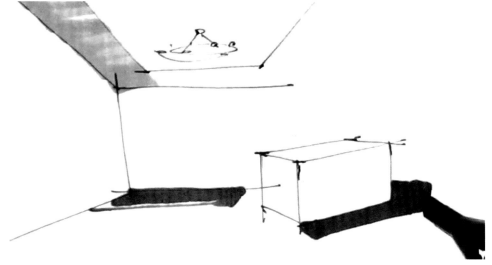

（3）斜角运笔

斜角运笔表现细长的物体和小的面，同时也做面的过渡。

（4）笔根运笔

笔根运笔主要表现细部和面的过渡。

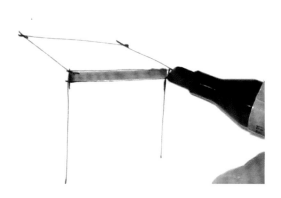

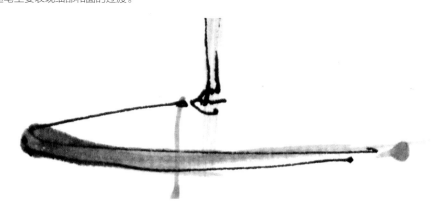

2.硬

油性马克笔为硬毡头笔尖，画出的线形感觉硬，用笔的斜面能画出较完美的面，用笔根部上色可得到较细的线条。

3.枯笔

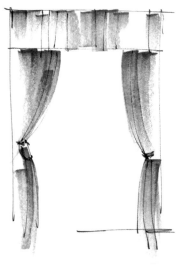

枯笔有着特殊的画面效果，在室内效果表现中主要表现布艺和结构的过渡。

4.洇

油性马克笔的调配溶液为酒精，若笔在纸面停留的时间稍长便会洇开一片。可根据用笔的力度和速度改变色彩的明度和笔墨的虚实关系。

（1）如果希望出现渲染的马克笔效果，可以根据画面要求自己将酒精灌入马克笔中，注入酒精时动作须缓慢，以免渗漏。

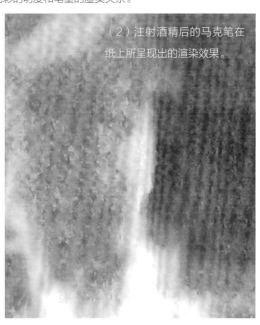

（2）注射酒精后的马克笔在纸上所呈现出的渲染效果。

5.叠色

（1）重复叠色
通过在纸上反复叠色而获取满意的色彩效果，但在叠色时一般不要超过四层颜色。

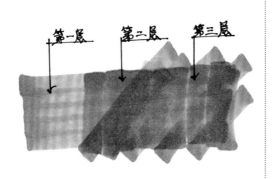

（2）深浅叠色
马克笔如同画水彩，先画浅色后画深色。如果先画深色后画浅色，如同水彩画法中"洗"的技法。

（3）冷暖叠色
冷暖叠色分两种形式；一是同类色系冷暖色的叠加，二是补色的对比色叠加。在叠色时一般都是先暖色后冷色。

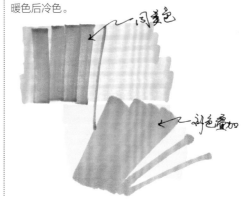

6.运笔速度与轻重

运笔的速度与轻重决定了颜色的深浅，速度慢则颜色深，速度快则颜色浅；用力重则颜色深，用力轻则颜色浅。

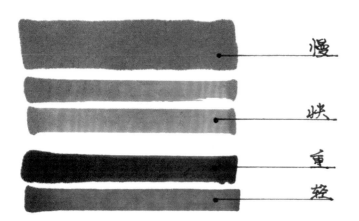

7.笔随形转

在表现具有几何形状的物体时较为明显。

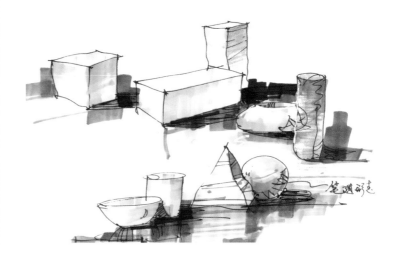

8.笔向与形状

我们在表现有一定长度的几何体时，一般是与物体长边垂直用笔，这样能彰显物体的宽度和纵深感。

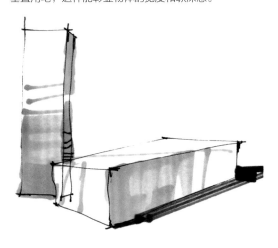

9.粗细变化用笔

粗细变化用笔方式是表现物体面过渡的最佳方法。

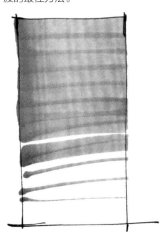

10.笔向变化用笔

变化笔的方向具有它的灵活性，在室内植物表现中运用得较多。

11.渐变用笔

渐变用笔主要表现色调深浅变化及物体面的阴阳、向背。

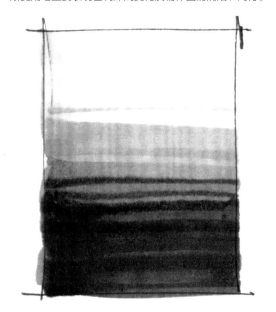

12.扫笔

扫笔在表现圆柱体、细长面时运用较多，行笔快捷，能画出出乎意料的效果。

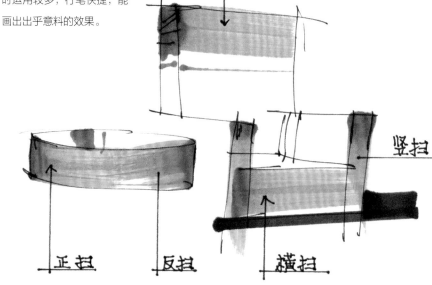

13.点笔

点笔一般在表现玻璃和金属面较多，点能起到笔触的连接与过渡的作用，一般少用，点得过多就会"花"。

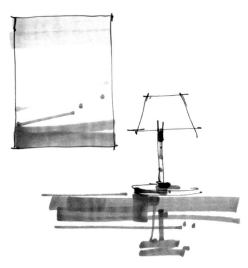

14.自由式用笔

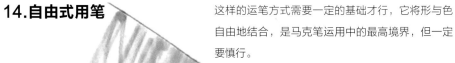

这样的运笔方式需要一定的基础才行，它将形与色自由地结合，是马克笔运用中的最高境界，但一定要慎行。

第二部分 透 视

一、透视学的基本概念

在人的视觉中，物体的形状、颜色和体积因远近距离不同而呈现出透视变化。室内设计手绘表达常用的透视法则有以下两种：一点透视（平行透视），两点透视（成角透视）。三点透视在室内效果图表现中主要用在表现大型的公共空间，采取仰视的角度表现室内空间的挺拔高大，俯视能获得地面景物、道路、建筑清晰可见的视觉效果。三点透视在本书中不作重点讲述。

观察物体由透视产生的视觉变化现象，以同等体量的几组建筑物体有规律地放在同一水平面上为例，归纳出透视图的基本原则有两点：一是近大远小、近高远低、近疏远密，这是由视点观察物体距离的远近所产生的透视现象；二是不平行于画面的平行线，其透视交于一点，透视学上称为灭点。

透视学中的基本概念名称

视点（E.P.）
——绘画者眼睛的位置。

视平线（E.L.）
——观察物体时与视点等高的一条水平线。

灭点（V.P.）
——平行的线在无穷远交汇集中的点，也称消失点。

点（M）
——也称量点，指透视图中物体尺度的测量点。

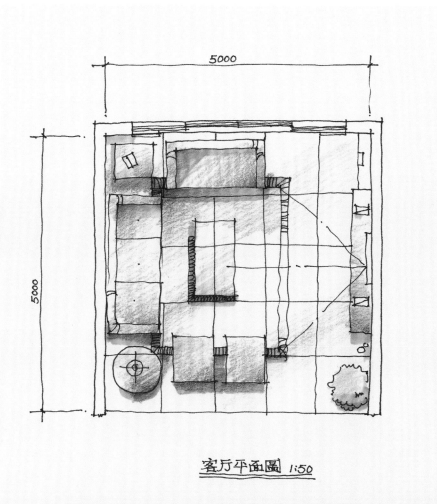

客厅平面图 1:50

平面图1:50

二、一点透视作画步骤

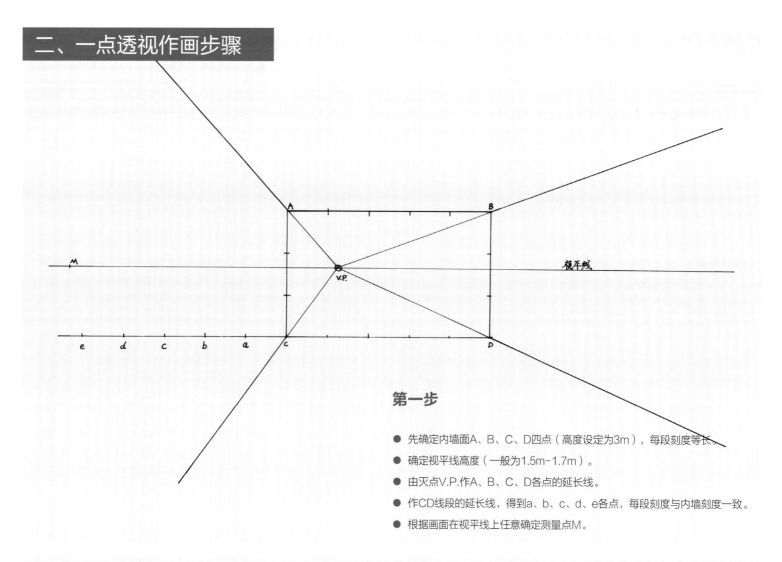

第一步

- 先确定内墙面A、B、C、D四点（高度设定为3m），每段刻度等长。
- 确定视平线高度（一般为1.5m-1.7m）。
- 由灭点V.P.作A、B、C、D各点的延长线。
- 作CD线段的延长线，得到a、b、c、d、e各点，每段刻度与内墙刻度一致。
- 根据画面在视平线上任意确定测量点M。

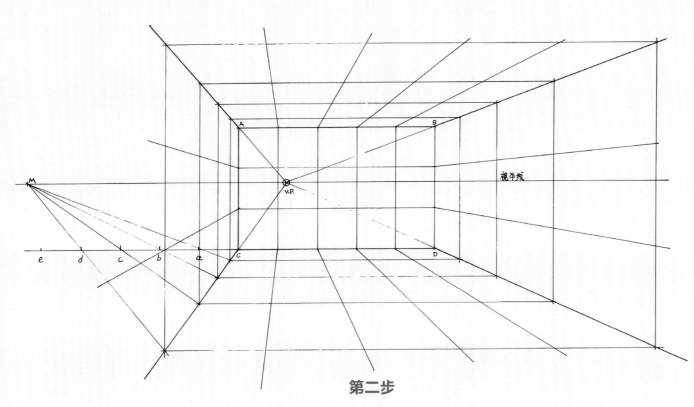

第二步

- 由灭点V.P.作内墙各刻度点的延长线。
- 过测量点M作a、b、c、d各点的延长线与透视线相交，所得各点作垂直线与水平线，所得每格皆为1m×1m。

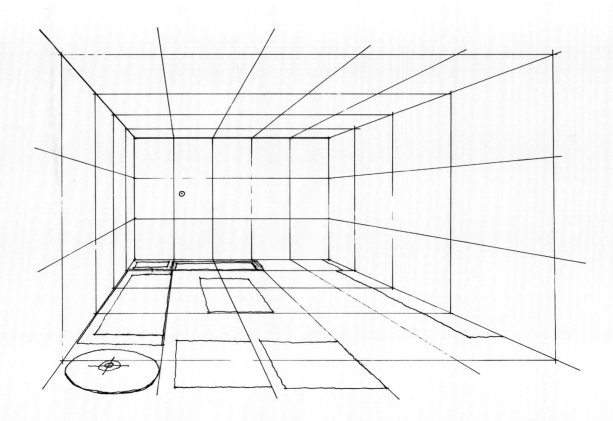

第三步

● 根据平面布置图画出家具在地面的平面投影位置。

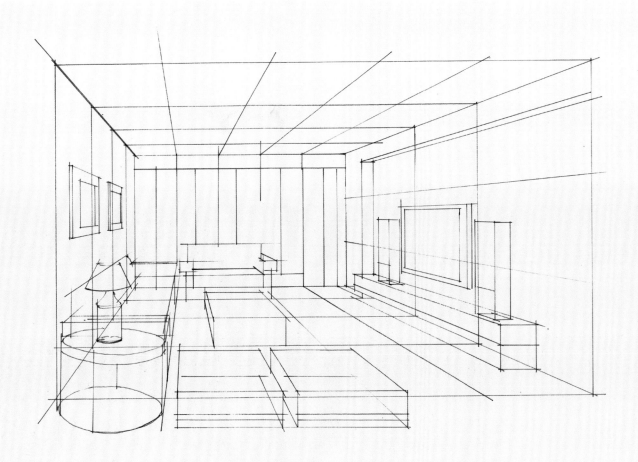

第四步

● 把地面上的平面投影垂直向上拉升至一定尺寸的高度。

第五步

● 运用科学的透视方法刻画并完善画面细部。

第六步

● 在线稿图的基础上用彩铅和马克笔完成设计表达。

三、两点透视作画步骤

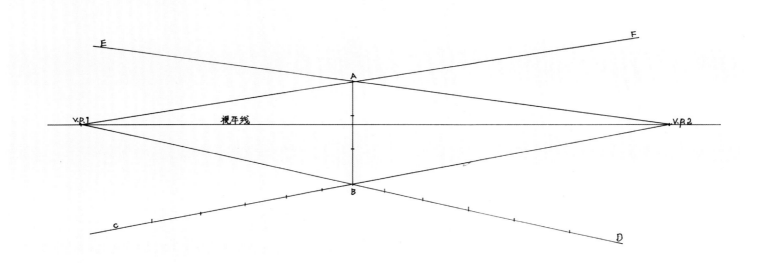

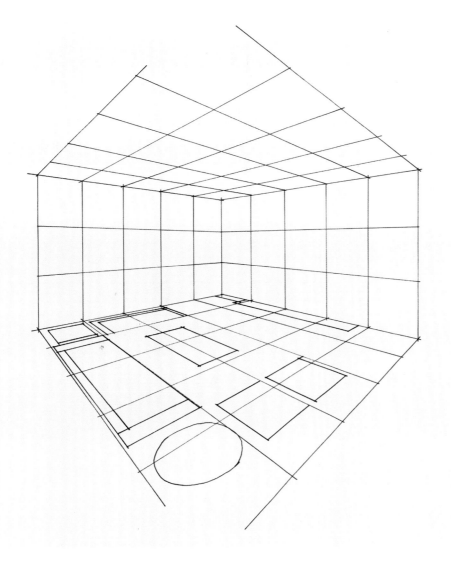

第一步

● 线段AB为空间高度，并画出刻度（高度为3m）。

● 任意确定出视平线高度。

● 在视平线上定出灭点V.P.1、V.P.2。规律：两个灭点的距离应比高长三到四倍以上。

● 分别过V.P.1、V.P.2作A、B两点的延长线。

● 在BC、BD线段上画上刻度，第一刻度与AB线段上的一个刻度接近，根据近大远小的规律依次越来越大，由于BD线段的角度大，刻度距离渐变也明显些。

第二步

● 过CB、BD线段上各点作垂直线，交于各点。

● 过V.P.1、V.P.2作AB、BC、BD、EA、AF线段上各刻度点的延长线，完成地面、墙面、顶面的宽度、深度的划分（每格为1m×1m）。

● 根据平面图作家居的地面投影。

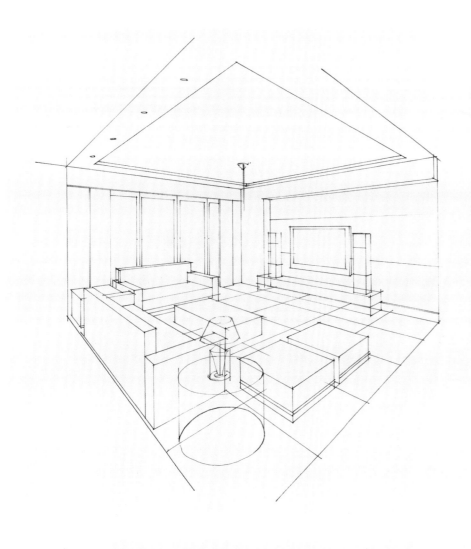

第三步

● 把地面上的平面投影向上拉升至一定尺寸的高度。

第四步

● 运用科学的透视方法完善画面细部刻画。

第五步

● 在线稿的基础上用马克笔和彩铅完成设计表达。

四、目测透视

目测法也称为估计透视法，是在平面图和空间透视图中凭视觉感受估算出室内空间透视的进深尺度和家居在透视图中的摆放位置。透视感的准确与否，实际上也是依靠经验的积累。在掌握一定的透视基础之后，使用这种方法非常有效。随着对空间透视表现技能的提高，就可以慢慢脱离这种方法。

定位线只是一种辅助方法，最重要的是表现物体在空间透视中"摆放"的准确性和尺度感。

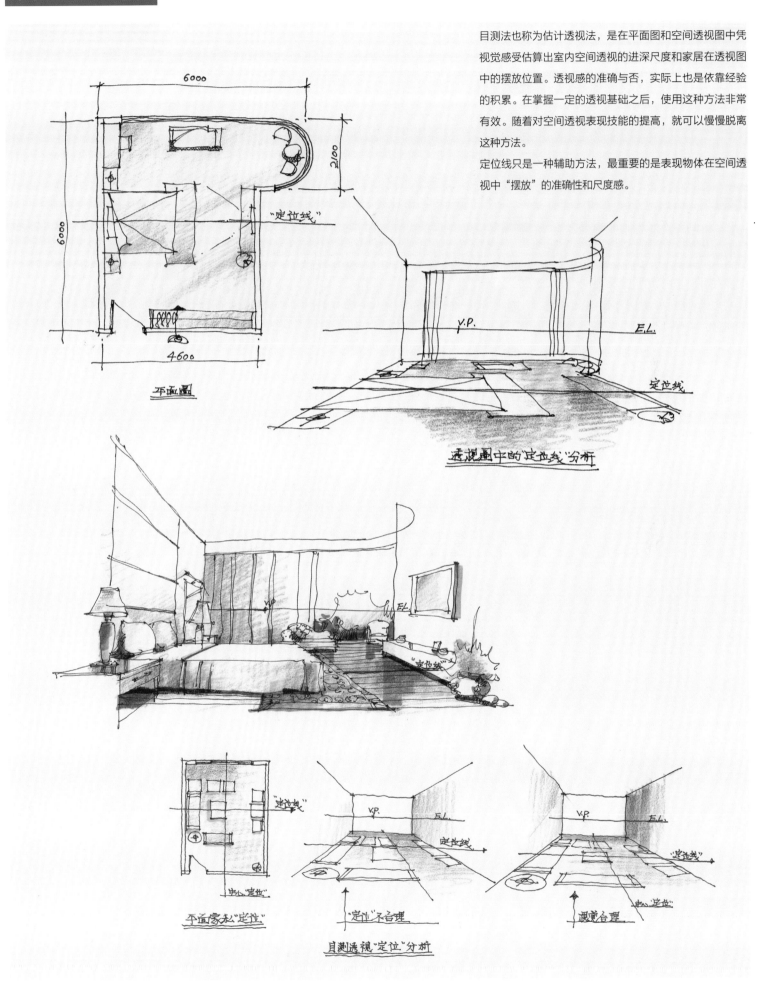

平面图

透视图中的定位线"分析

平面家私"定位"

目测透视"定位"分析

五、空间透视的把握与运用

透视表现有严格的科学性和灵活性，只有在充分领会透视的基础上，才能真正达到掌握透视的目的。在学习空间透视的过程中，我们要经常做一些空间透视表现练习，培养我们对空间的构架能力和对场景的组合能力，做到多动手、多用心、意在笔先，方可胸有成竹，在创意表现之中使脑、眼、手相互协调。感悟空间精神，构架空间创意，表现空间美感，是设计表现意义所在。

消失点居中心，画面平均呆板。

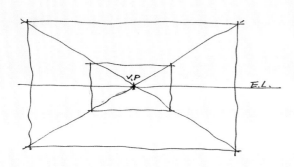

消失点偏上，主要表现地面。

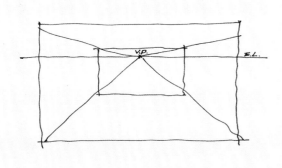

消失点偏下，主要表现顶部。

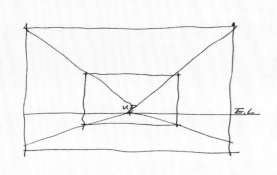

消失点偏左，主要表现右侧墙面。

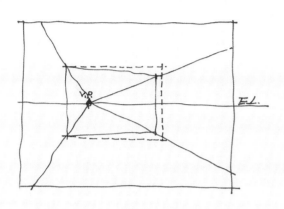

消失点偏右，主要表现左侧墙面。

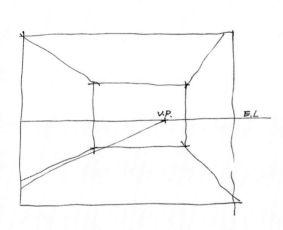

消失点偏左上，主要表现地面及右侧墙面。

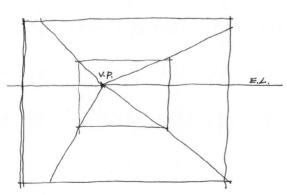

消失点偏左下，主要表现顶部及右侧墙面。

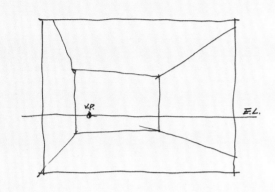

消失点偏右下，主要表现顶部及左侧墙面。

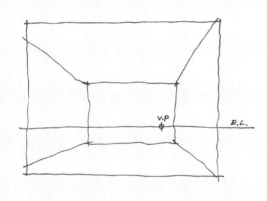

消失点偏右上，主要表现地面及左侧墙面。

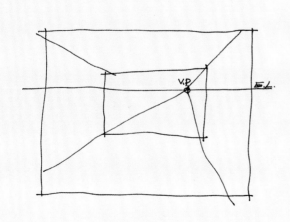

第三部分 | 室内设计配景写生与练习

一、沙发单体

■ 学习指南：画单体贵在对结构、比例、体量的表现，运笔用色一定要稳、准、快，做到胸有成竹，一气呵成，色调与韵律都表现在运笔上，所以学习手绘平时要多练基本功。

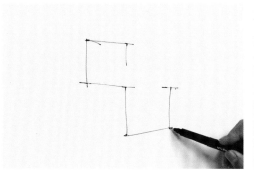

1.从左至右，从上至下确定沙发的长、宽、高，运笔要肯定，准确，有力。同时要考虑沙发的比例与透视关系。

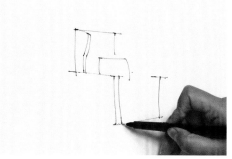

2.从整体到局部作结构刻画。

3.在画形的同时细节也很重要，根据近大远小的透视关系，把沙发的坐垫部分完成。

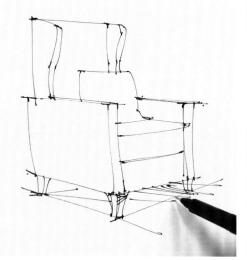

4.画投影，排线条要有远近、虚实变化，让沙发"放在"地上。

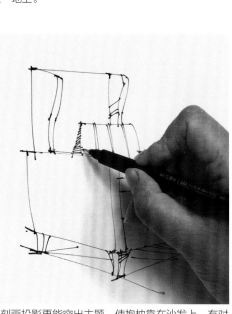

5.刻画投影更能突出主题，使抱枕靠在沙发上，有对比效果。

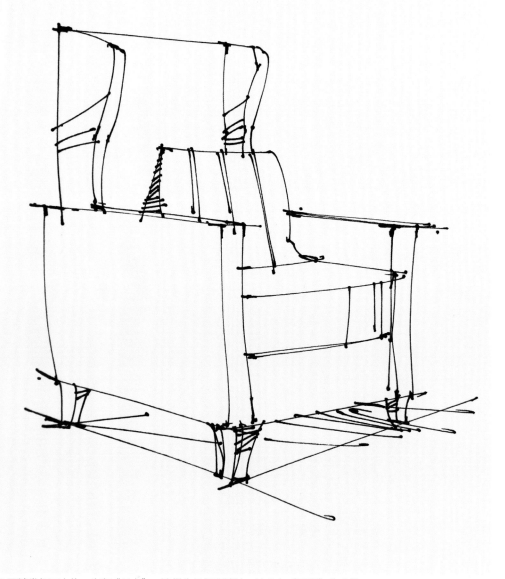

6.画沙发如画人体，也有"骨点"，这样也显得有精神，让人有"可坐"的感觉。

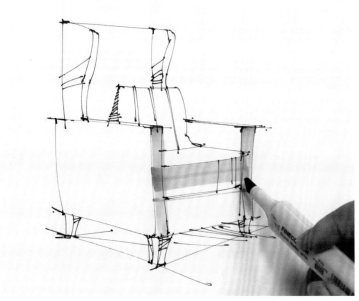

7.根据沙发的结构，用中间色画沙发的转折面。

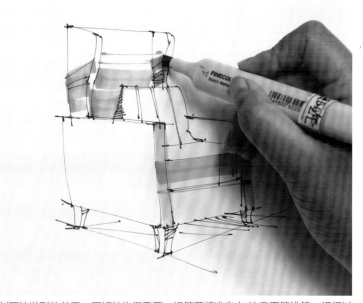

8.刻画沙发形的关系，画好结构很重要，运笔要精准有力,注意用笔排笔，粗细过渡。

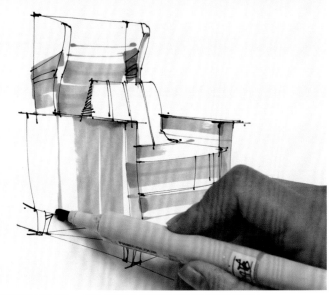

9.运笔的排向没有绝对性，笔触的方向可以张扬物体的体积感就行。

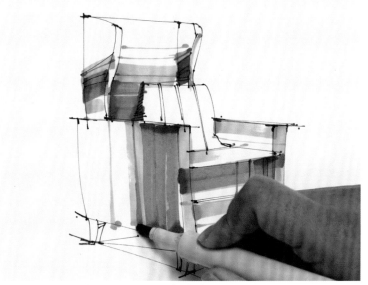

10.换一只同类色的笔，加强对结构、体量的表现。

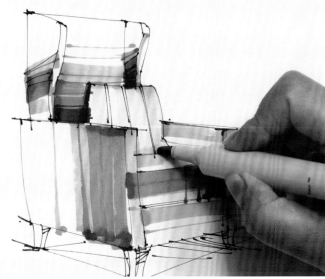

11.随类敷彩，用黄色画出配饰固有的颜色。

12.越是细节越要严谨，将沙发的脚画得有力才行，小结构不可忽视。

13.画投影运笔要爽滑，并寻求色调的变化。

14.用同类的浅色调作地面从右往左过渡。

15.在灰色调中加竖向的深色有投影的感觉，这样形体会更加生动。

完成图

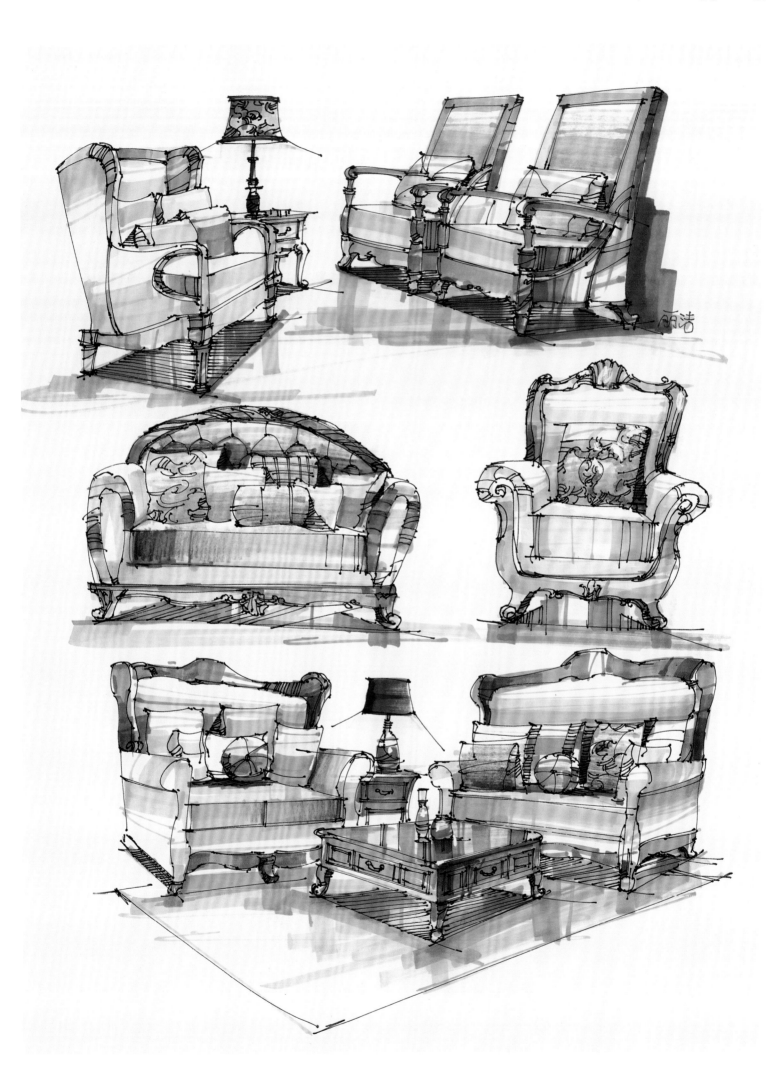

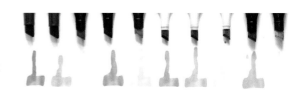

二、餐桌椅

■ 学习指南：画组合家具起笔很重要，一笔定乾坤。画组合最好是一气呵成，意在笔先，不要过多地去思考，在表现过程中不忘全局的概念，不论陈设造型多么复杂都要"顾全大局"。

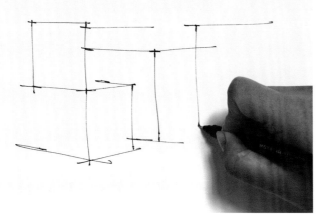

1.画组合家具要有全局的概念，将餐桌椅看成2个几何体，每一笔都应"瞻前顾后"。

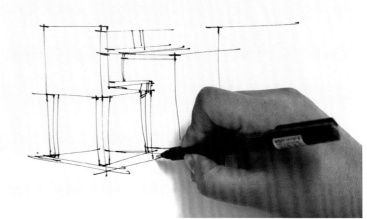

2.在确立大的框架后，再找一个能平衡全局的出发点依次刻画。

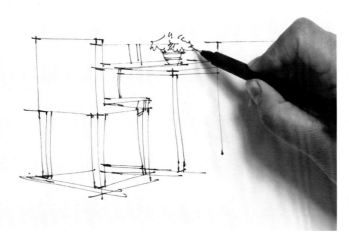

3.小的饰品不要忽视，它是画面提神之处，植物要画得生机勃勃。

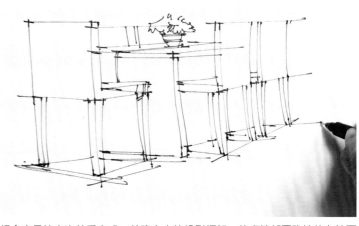

4.组合家具按主次关系完成，并确立大的投影框架，使桌椅都平稳地放在地面上。

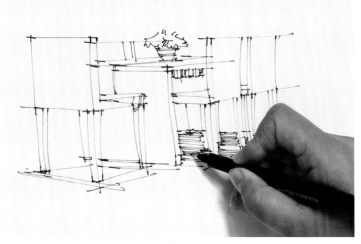

5.投影排线一定要有远近关系，疏密递进的感觉。

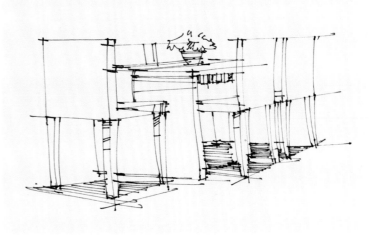

6.从整体到局部，从局部到整体完成线稿。

8.用同类色进一步加强对物体结构的刻画。

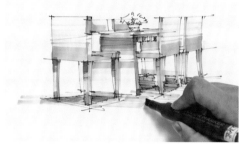

7.选一支浅色马克笔做试探性的定调,将几个椅子看成一个椅子来画,画出家具大的结构关系。

9.同样用"随类敷彩"的家具色画木质结构,并快速画上投影,投影用笔方向注意与画面透视方向保持一致性。

10.投影也要讲究虚实变化。

11.以叠加的方式平涂植物。

12.调整地平面投影,使画面更有场景感。

13.用彩色铅笔对画面做细节调整,统一画面。

14.给一点暖色画面会更温馨，用笔要干净利落，点到为止，不要反复用笔涂　15.用修正液加强对结构的表现，明确面与面之间的转折关系。
抹。

完成图

三、台 灯

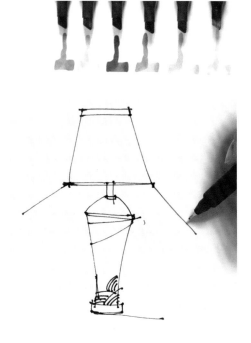

■ 学习指南：画小饰品一定要注重对细节的刻画，细节是饰品的情趣之处，造型一定要准。

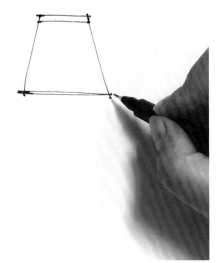

1.画灯具一定要遵循从上至下的表现方法，先画出灯罩。

2.再画灯体，用结构线来表现物体"圆柱"的感觉。

3.加光线丰富画面。

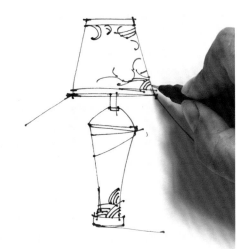

4.表现细节，丰富画面，造型要有美感。

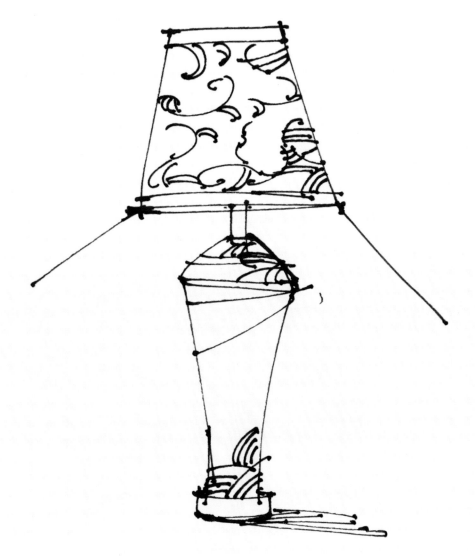

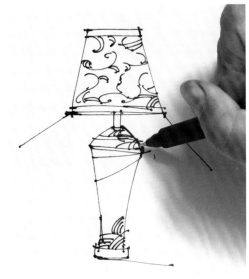

5.细节是画面的提神之处，刻画时也很讲究。

6.完成线稿。

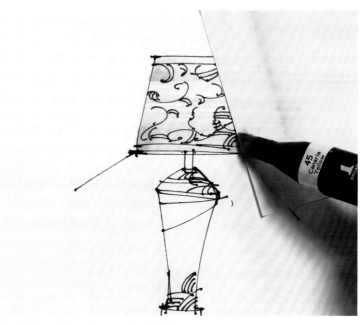

7.在上色之前用"即时贴"先将形的边缘贴起来。

8.用笔横扫，要干净利落，不能拖泥带水。

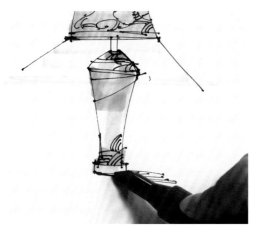

9.笔随形转，画出体量感。

10.在物体结构的地方加以刻画，加强对色彩和形体的表现。

11.定位投影，起笔。

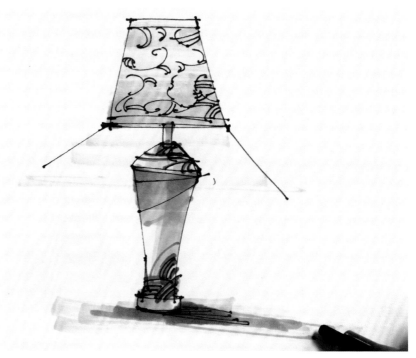

12.画投影时运笔要平稳、快捷。

13.用同类色加深对投影的表现。

14.用彩色铅笔对光进行表现，用笔要有力度，要透气，笔触无须过细腻。

15.用修正液表现图案，点高光很有情趣。

完成图

手绘是一种心情
不一样的心情，就有不一样的
·李·智

四、床

■ 学习指南：画寝具如同画组合家具一样，应注重物体间的主次关系、比例、透视关系及色彩的对比，马克笔运笔的方法也很讲究，笔随形转很重要。

1.画床时心中要有一个几何的概念就很容易表现了，先定出它的长、宽、高，控制好全局。

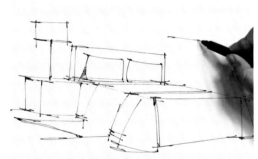

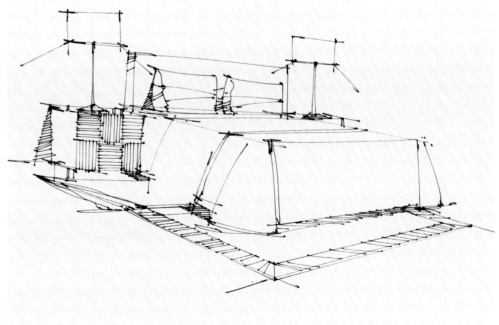

2.相继完成对配饰的表现，我们在画左右关系时，一定要注意近大远小、近高远低的透视关系。

3.画完主体再画地面关系。

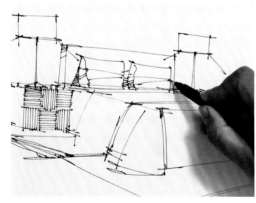

4.刻画细节，运笔要准，造型要美。

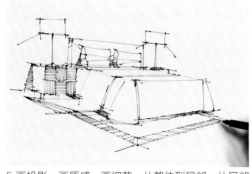

5.画投影，画质感，画细节，从整体到局部，从局部到整体反复对比表现。

6.线稿完成。

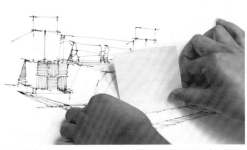 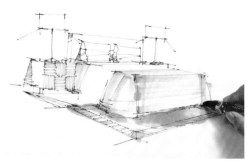 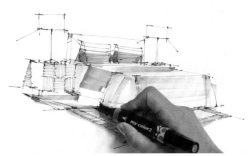

7.由于笔性的原因，它渗透力很强，画地毯时先将不画的地方遮住。

8.第一遍用浅色画床的结构，运笔要快。

9.先将物体的固有色涂画一遍，注意留白，不要画满。

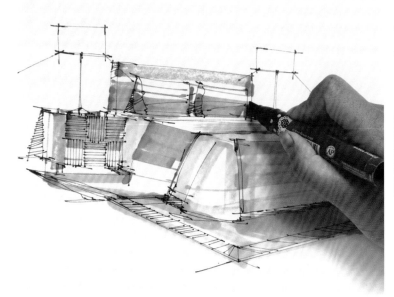 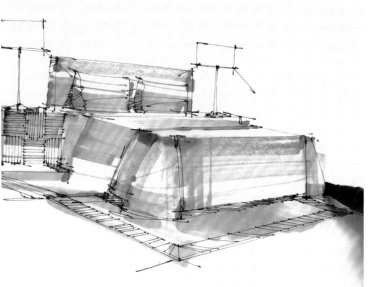

10.画到边缘之处一定要细心，不然就会跑边。

11.用同类色对床体的体量进行加强刻画，同时也要讲究马克笔笔触的美感，笔随形走。

12.进一步加强对细节的表现，以突出大的形体效果。

13.画灯罩用笔要横扫和反扫相结合，让灯罩有"圆"的感觉。

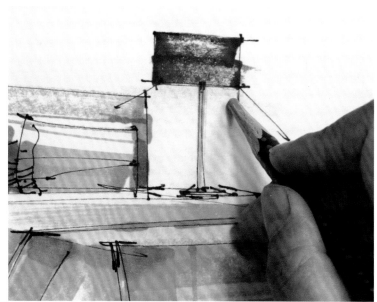

14.用彩色铅笔淡淡地画出光感。

15.用修正液画出对物体结构的表现，同时也能表现出光照的感觉。

完成图

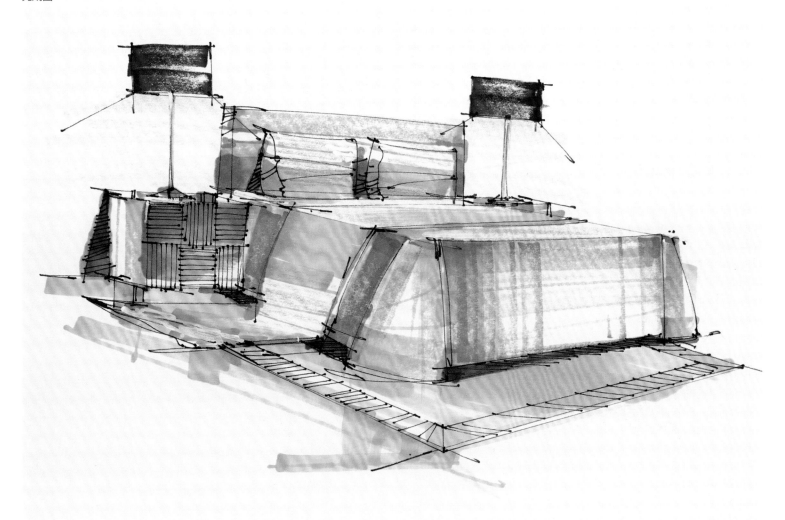

五、植 物

■ 学习指南：画植物一定要表现出它的球体感和圆柱感，应有前后、左右、上下六向关系，用色要统一，要画出植物的鲜活感。

1.从较为突出的叶子入笔刻画，完成植物前后左右四向关系，用笔要流畅。

2.画出植物鲜活的感觉，画花盆时用笔要与植物有所区别，表现花盆用笔要硬朗一点。

3.快速画完阴影和投影，完成线稿。

4.用绿色系中最浅的颜色把植物满铺一遍。

5.按照植物的结构和阴阳向背的方向刻画。

6.开始表现较为主导的叶片。

7.上色时要注意叶子的卷曲和转向，用色的深浅表现光影。

8.用即时贴遮挡边缘，快速横扫上色。

9.寥寥几笔铺垫倒影。

10.投影表现平涂而运笔快捷，完成画稿。

六、沙发组合

■ 学习指南：这幅画都是灰色的基调，优美之处在整个灰调中有冷暖之分，饰品的色彩亮而不跳，恰到好处。沙发与沙发之间的空间关系、面与面之间的结构关系、物与物之间的透视关系都是我们在表现组合家具时应注意到的。

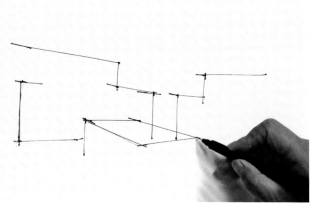

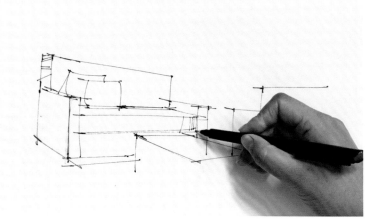

1.画组合家具一般先定大体面的家具，画两个单体后再按其透视关系画茶几。家具的透视、比例、体积要相协调。

2.在大轮廓基础上再逐步刻画小结构，每个部位都要画准确。

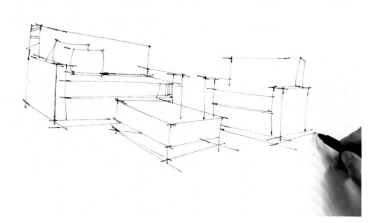

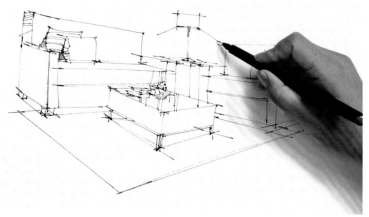

3.细节服从整体，画出与家具对应的投影。

4.画台灯并加上光线的照射感，运笔要有力度。

5.配饰是一个不容忽视的部分，抱枕要画出弹性，投影与物体的轮廓线形方向相对比，拉开物与物之间的距离。

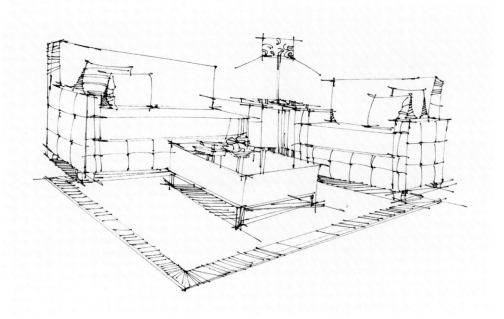

6.从整体入手作局部刻画，寻找对比关系，家具和配饰相融在同一个空间里。

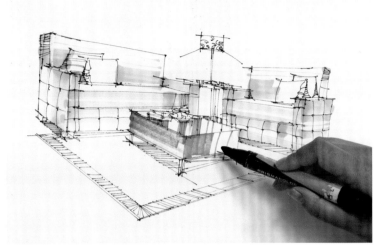
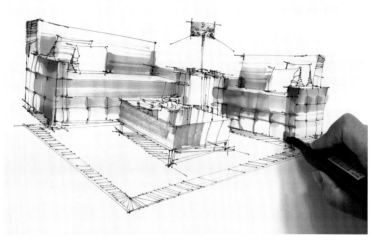

7.先用不同色调的浅灰色马克笔求得各物体之间的结构关系，确立基本色调。

8.用深一点的同类色加强对物体结构的表现，运笔要平稳、准确，直达"题意"。

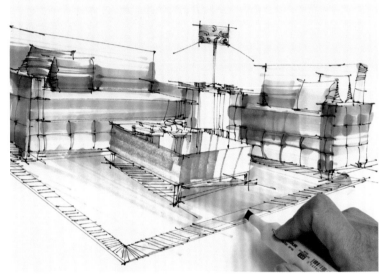
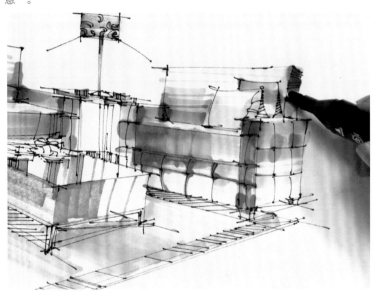

9.在主体色彩画好后再画配饰色彩，色彩虽有变化但不可太跳跃，否则就会喧宾夺主。画地毯一定要画出铺在地上的感觉，用笔用色都要画出远近关系。

10.进一步修整局部，在结构转折部分进行刻画，强化结构和主体。

11.用冷灰色横扫出投影与沙发的留白和暖灰形成对比。

12.对饰品用心对待，不可一笔带过，用彩色铅笔由深至浅表现光照。

13.后期是一个反复调整的过程，用同类色反复叠加，使主体更为鲜明。

14.在画直线时，可借用一下辅助工具，使轮廓线更为硬朗。

15.在调整阶段用彩色铅笔作色彩过渡处理，使画面更细腻，色彩更统一，画彩铅要根据色彩的深浅的需要用力。

完成图

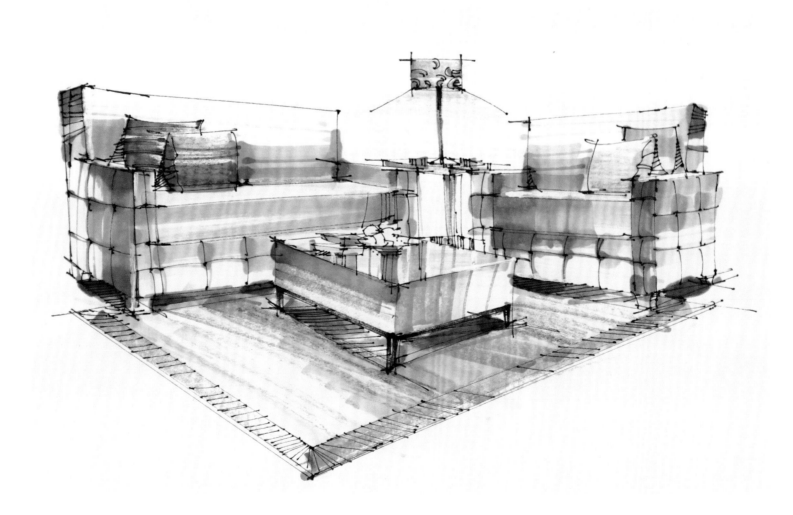

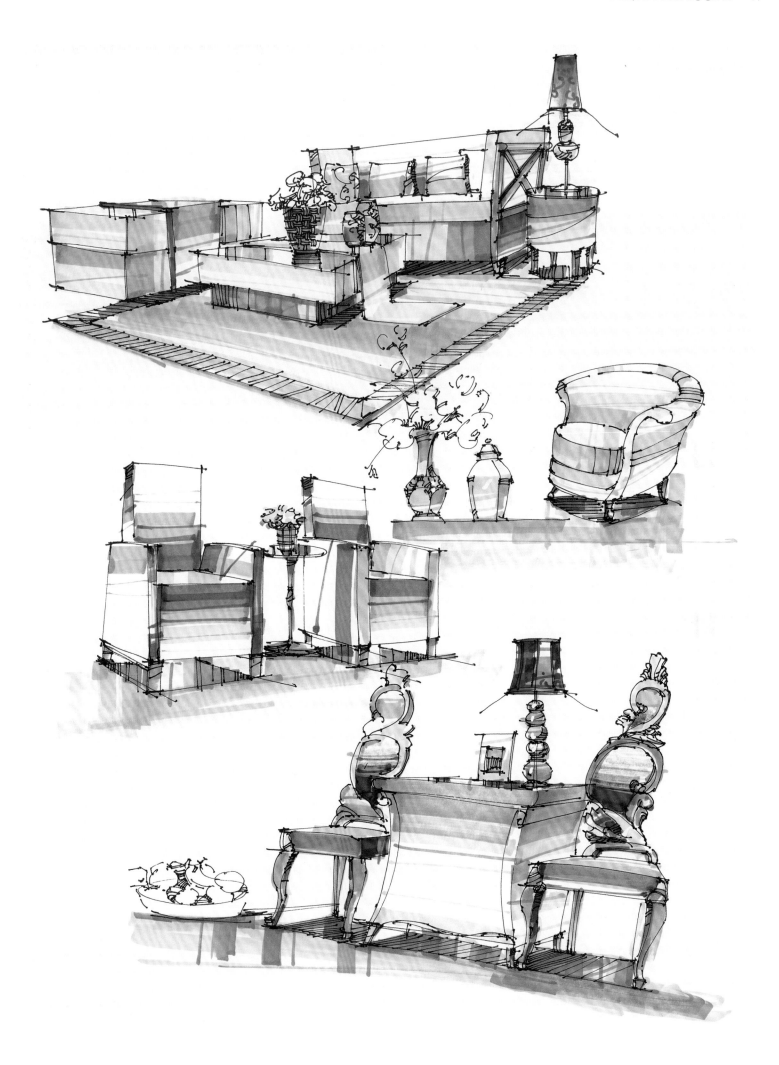

七、浴 盆

■ 学习指南：画小场景时，环境场很重要，既要画好主体，又要画出环境
与物的对话关系，有形、有景，还有情。

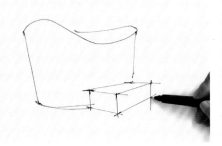

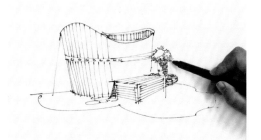

1.先画椭圆弧形的桶口，最好是一笔画成，线条要有
弹性，确立长度和宽度之后再定高度。

2.画出木桶质地及纹理结构，排线要有力度。

3.画完主体再画配饰，配饰一定要和主体相协调，小
饰品一定要画出情趣。

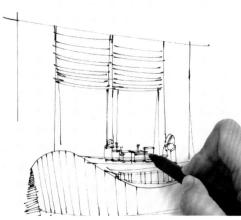

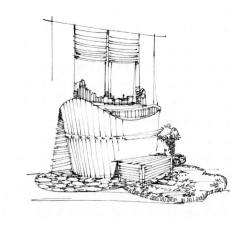

4.画鹅卵石、画毛毯都要画出质感来。

5.窗户和饰品都是构成画面空间不可缺少的一部分。

6.远处的树、木桶的投影都是反衬主体的表现方式。

7.先用木本色轻轻画出木桶的结构关系。

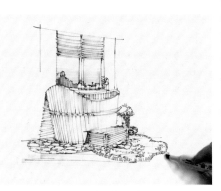

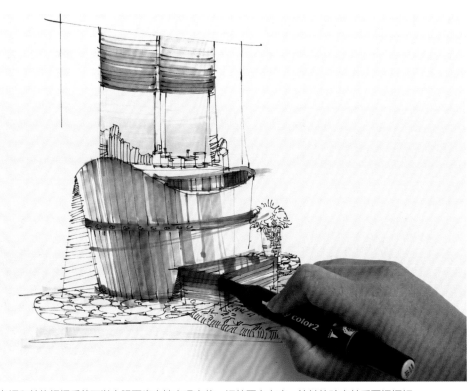

8.画外景、画地面与表现主体保持一致。

9.在色调和结构把握后就可以大胆而肯定地表现主体，运笔要有力度，笔触的疏密关系要把握好。

10.先用浅灰色淡淡地画出石头和毛毯，平铺的地面也是有结构的。

11.涂投影反衬主体，形成色彩对比、明暗对比。

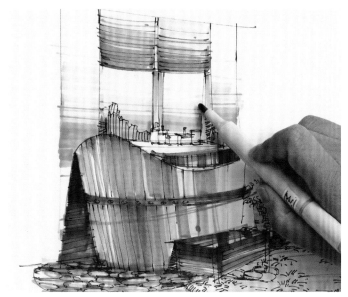

12.画蓝蓝的天空时要注意对玻璃质感的表现。

13.地面也是面，表现时应该注意它的远近虚实关系。

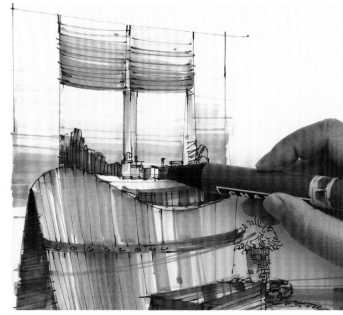

14.无论绿色植物还红色饰品只是起提神的作用，但不要用色太过。

15.用修正液画毛毯的质感。

完成图

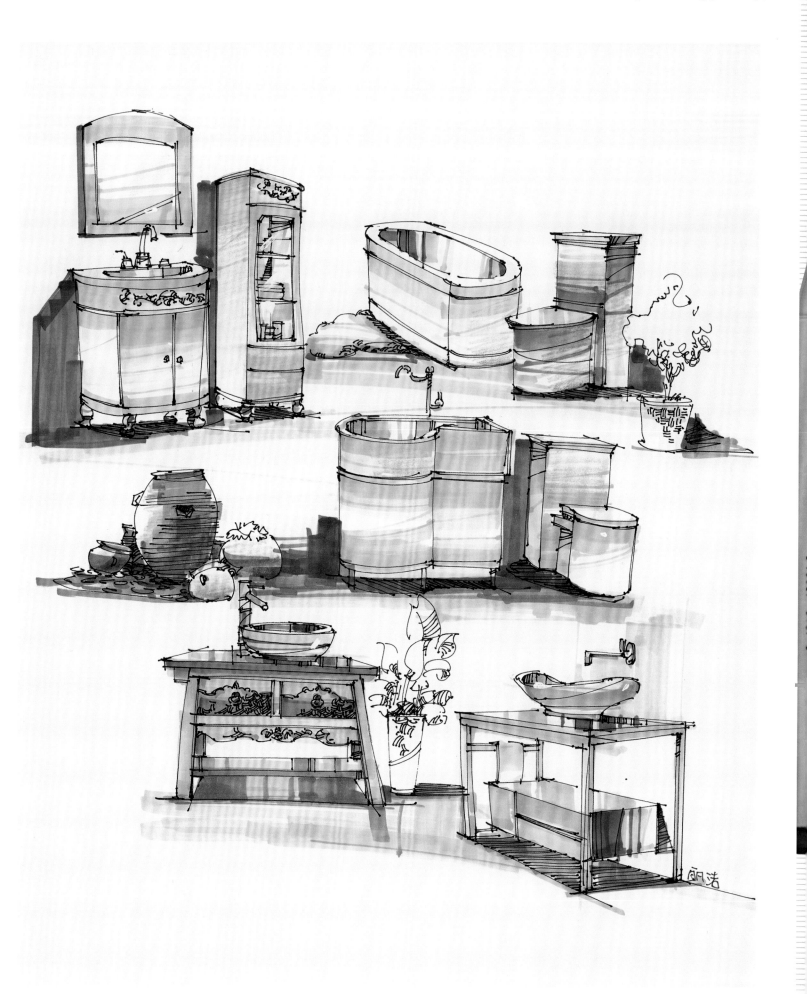

八、玄 关

■ 学习指南：画玄关一定要表现好趣味中心，进门的心情很重要，从设计到表现都应该心情愉快、表现自如。

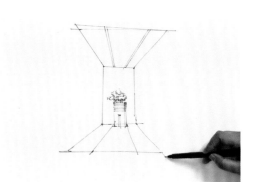

1.画玄关要先勾画出空间的宽、高、进深尺度及透视关系。

2.再确立视觉中心，饰品一定要画得有形。

3.表现地面，表现玄关的空间感。

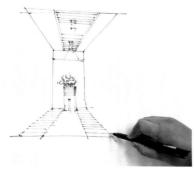

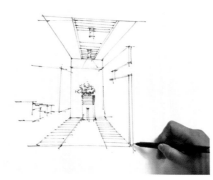

4.画地板是要注意它的远近关系和延伸感，用笔要平稳排列有序。

5.画出相应的墙面，造型要美，运笔要准。

6.表现砖雕图案时，要注意它的透视变化。

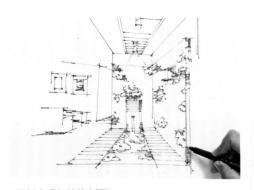

7.局部表现与结构刻画。

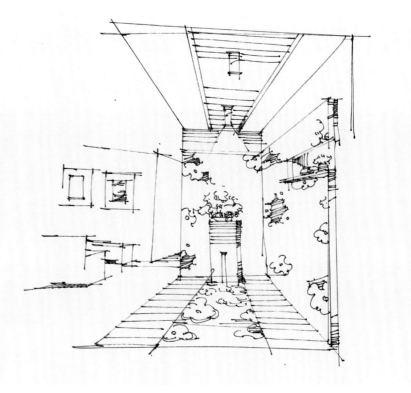

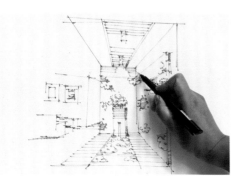

8.画立面结构运笔要均匀，疏密有致。

9.在场景较小的情况下，局部和细节的表现都很重要，笔触与内容的多少都要全面考虑，少则空，多则杂，适可而止。

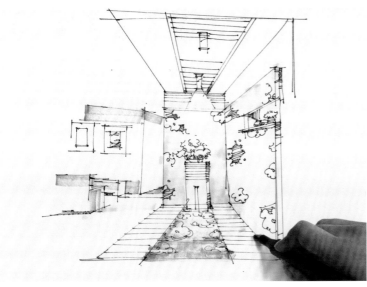

10.先用浅浅的固有色画大结构。

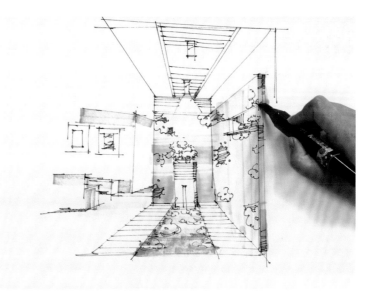

11.再用较深一个层次的颜色刻画面与面的关系。

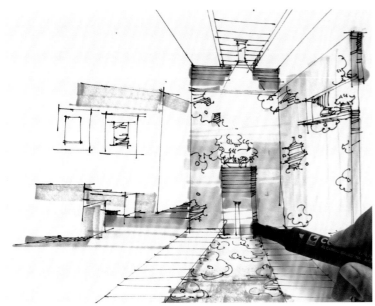

12.同样用浅浅的固有色铺一层结构线。

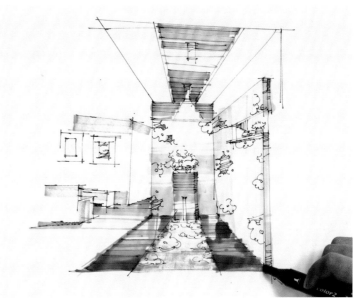

13.画地板时不要满铺，留点飞白透气。

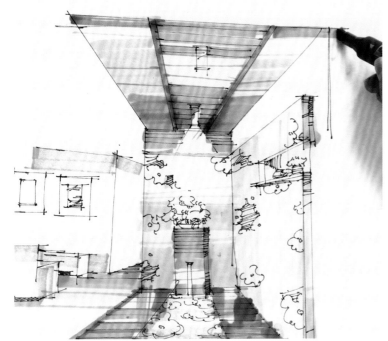

14.天棚结构也要画出远近疏密的延伸感，运笔要均匀而有变化。

15.表现局部质感要细心，运笔要准。

16.画竖向的暗面要横着运笔，这样会有宽度感。

17.画纵深的墙体要竖着运笔会好一点，通过笔触的宽窄表现纵深感。

18.加强面与面的对比表现。

19.在平铺的地板上画几笔竖线，更有光泽的效果，但运笔一定要垂直。

20.用修正液画图形，点高光。

21.但修正液不可滥用，用多了就很花哨。在光照部分和马克笔突兀的地方用彩色铅笔做过渡处理，使画面柔和协调。

Complete drawing guide 55

完成图

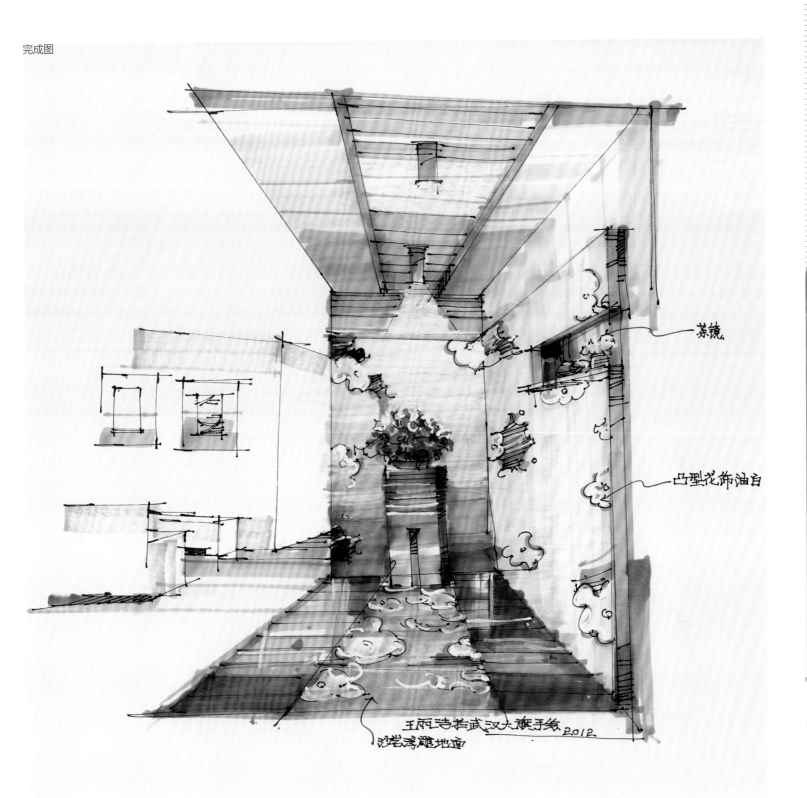

茶镜

凸型花饰油白

王雨涛于武汉大桥手绘 2012

沙岩浮雕地面

九、电视背景墙

■ 学习指南：画室内一角也是很有情趣的，以小见大体现出空间的精神面
貌，运笔疏密有序，肯定有力，用色协调统一。

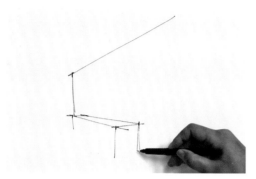

1.画空间局部也要有整体的空间概念，先画出高度、
进深及透视关系。

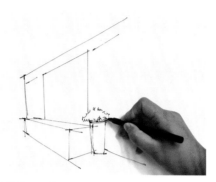

2.先完成墙体、柜体及饰品的比例、结构关系。

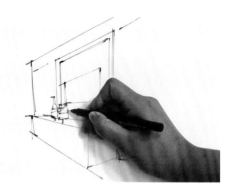

3.再逐步细化主体及饰品。

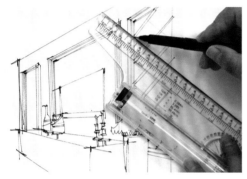

4.必要时候可借助一下直尺，将石材画得更"坚
硬"。

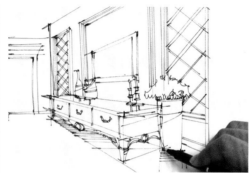

5.在画陈设时，面与面的转折及造型一定要交代清
楚，画投影要干净利落。

6.画面由于用笔干练，看起也很精神。

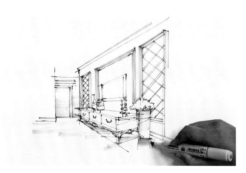

7.用浅灰色的笔画天、地、墙、物的结构关系。

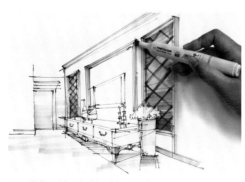

8.画边线和体面运笔要快，要稳。

9.地面也应有结构，用笔要有虚实深浅变化。

10.画柜体运笔横着飞扫，形成色彩的自身变化，再画几笔竖线，增强对质感的表现。

11.用即时贴能画出清晰的轮廓线。

12.表现细节要仔细，细节能传神。

 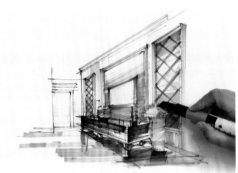 

13.用彩色铅笔协调画面是一种很好的方法，但用笔要平稳。

14.这幅画中的植物用色不要过多，点到为止，否则就会很抢眼。

15.用修正液靠着直尺画出有棱有角的柜台。

完成图

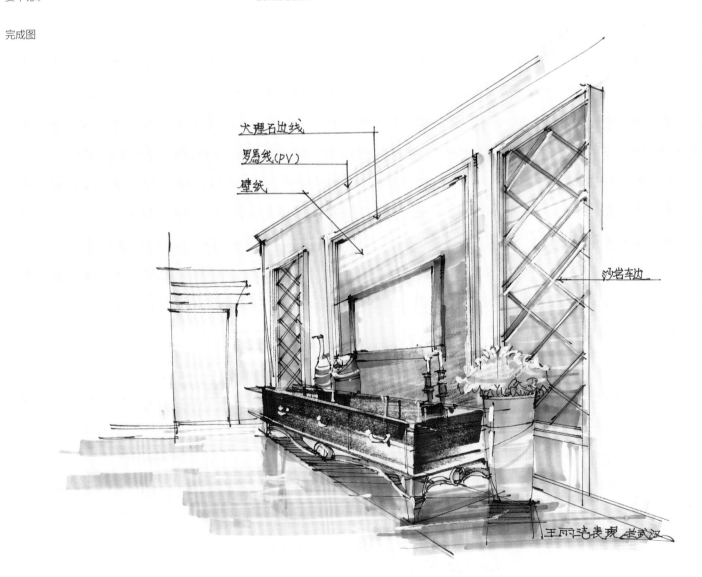

第四部分　室内设计马克笔效果图步骤详解

一、餐厅

■ 学习指南：餐厅的表现难度在于餐桌的组合及落在地面的感觉，画群组的家具可"一笔带过"，不要面面俱到，否则它不会很整体，更不能体现出马克笔的"快"。空间与家具的表现要着眼于整体效果，二者兼顾，主次有序。

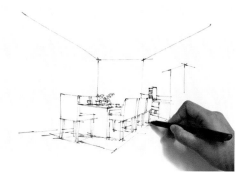

1.画空间第一笔确立它的纵深尺度，定宽度再定高度，之后再画出组合家具的大致比例及轮廓。

2.在把握大的空间以后，就可以从能够衡量尺度的陈设开始表现。

3.依次画出环境中的配饰。

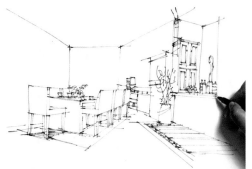

4.饰品能增强空间氛围，表现时一定要认真。

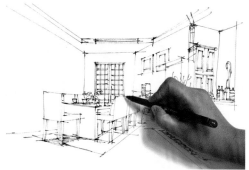

5.确定好各方位的形体以后，就可以任意表现某个局部了。

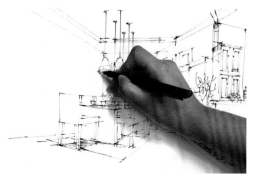

6.画组合灯饰不要面面俱到，只需画出一组灯的图形和大轮廓线就行。

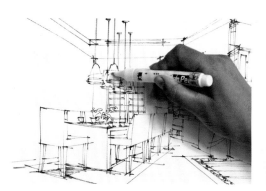

7.败笔之处用修正液涂掉也无伤大雅。

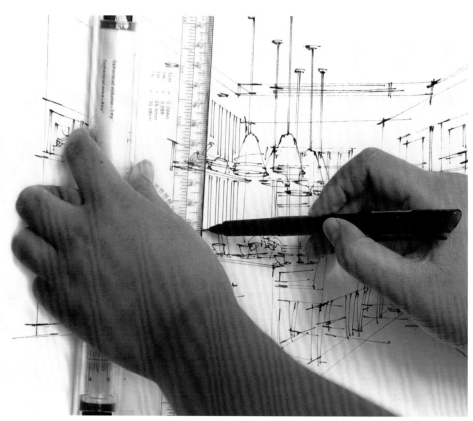

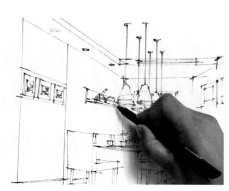

8.认真刻画小饰品，一定要画出情趣。

9.画竖向造型的时候可借用直尺来表现。

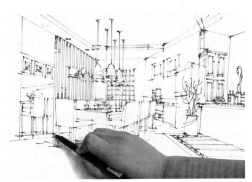

10.画镜中的影像时，不要画得太过，既要有物体，而又要有镜子的感觉。

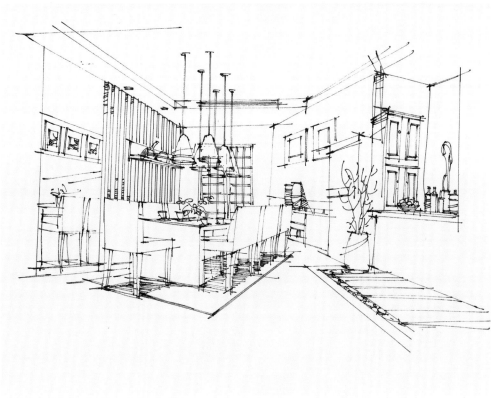

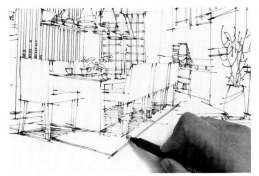

11.投影的排线要疏密有序，要有透气感。

12.整幅画面干净利落，直达主题，主次分明。

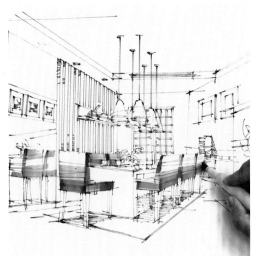

13.先用一支笔从群组家具开始画出单体及主体的结构。

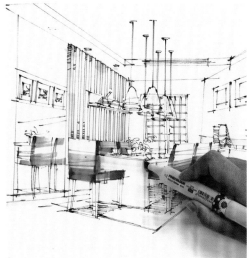

14.用色相中最浅的颜色起步。

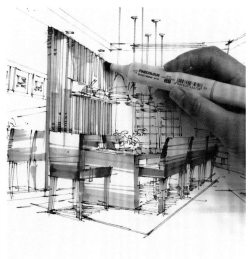

15.画墙体时要留出光照面，留白是一种很好的表现方法。

16.继续用浅色确立基调，画出局部结构。

17.先铺上浅浅的天光色，给后面的色彩留有余地。

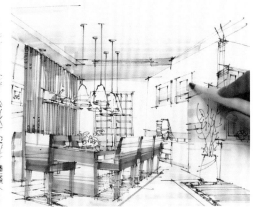

18.试探性地完成一些小结构。

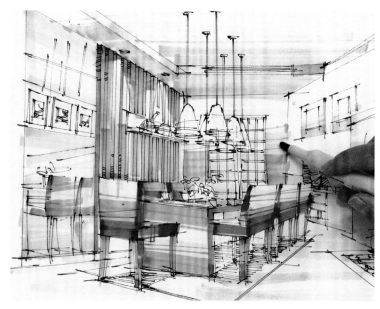

19.竖向的块面横着画，能彰显空间尺度。

20.画细节要灵活地变动笔触。

21.先给投影铺一遍底色。

22.修饰细节。

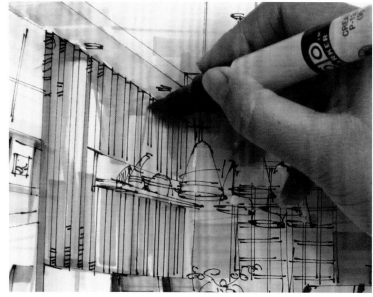

23.调整光影。

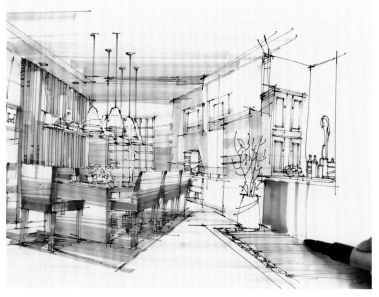

24.画横向体面用笔竖着画，以笔的宽窄表现纵深感。

25.小体面、小结构同样用笔要到位。

26.给灯一点淡淡的光。

27.用彩色铅笔调整光照，横着用笔，这样就有一种光芒四射的感觉。

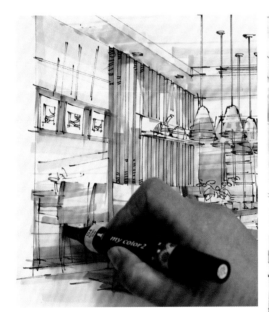

28.画镜中的影像不宜太写实，只需局部达意就行，一定要画出镜子的质感。

29.加强竖立面的横向结构表现，求得平面中的色调变化。

30.围绕主题反衬表现。

31.进一步加强对玻璃质感和天光的表现。

32.画地板时要画出地平面的结构感，通过笔触的粗细变化表现地板的远近关系，加几笔竖向的笔触，投影和光感的效果都会很好。

33.在浅色调的基础上加强对阴影的表现。

34.用同一支笔反复涂抹三遍。

35.竖向用笔表现投影。

36.各饰品上色可"一带而过"，切记不要太写实。

37.表现纵伸的空间感，运笔要横扫，这样能加强空间的宽度感。

38.横扫或斜扫运笔更能表现出镜子的质感。

39.用修正液画出亮光，也是一种表现方法。

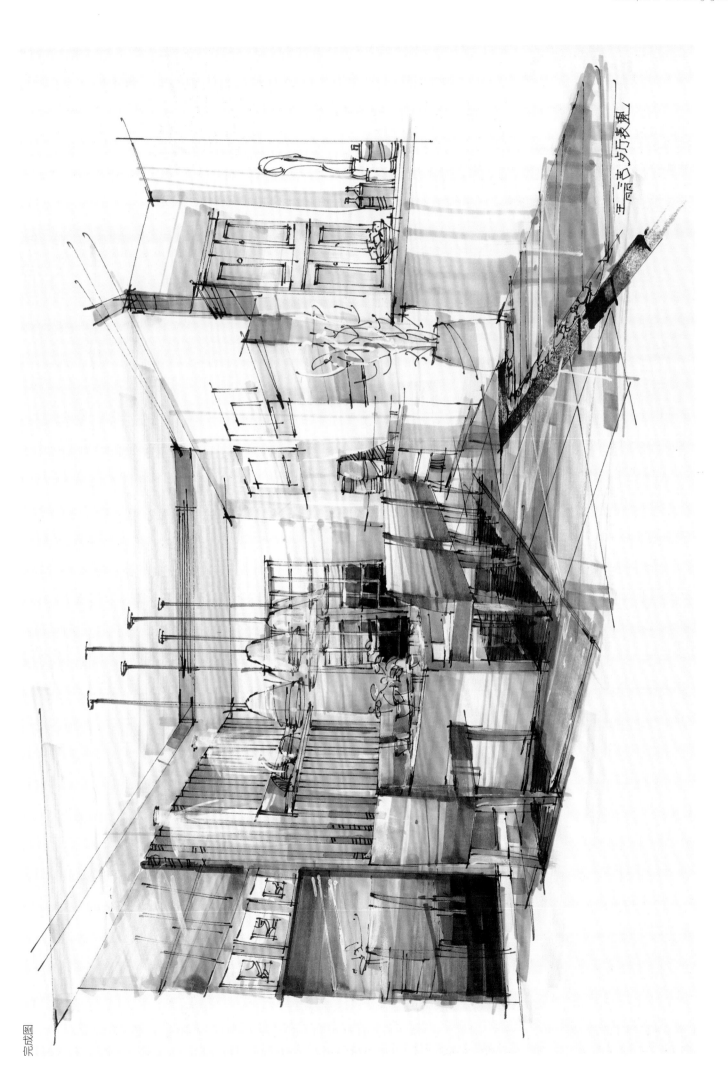

手稿呂坊表現

完成圖

二、卧室

■ 学习指南：丰富的室内色彩，一不小心就会画得很花、很杂，我们在表现时要注意提炼，在统一的色调中寻求微妙的色彩变化。用马克笔上色一定要大胆，同时又要讲究马克笔笔触的美感。

1.第一笔定透视，定纵深，依次确定宽度和高度。

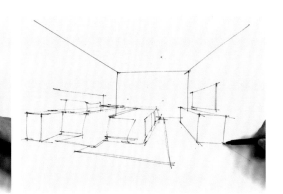

2.确立大空间后就可以画家具了，卧室家具很好画，因为它只是几个几何体。

3.依据一个简单的透视点，能够准确画好其他形体。

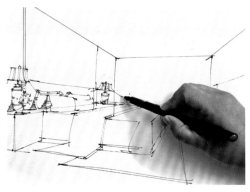

4.我们在画左边灯饰的时候一定要照顾到右边的灯饰，并达到透视、比例的协调与统一。

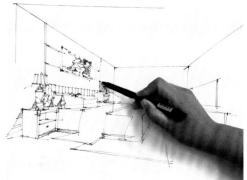

5.画面板时一定要把结构交代清楚，这样的线性才有力，画中画千万不要画得太立体。

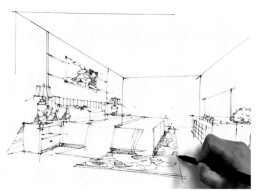

6.地毯要有透视感，阴影一定要反衬主体。

7.表现优美的投影能更好地反衬形体。

8.将无形的排线变化成有形的体，这点很重要。

9.天棚结构运笔一定要快而有力。

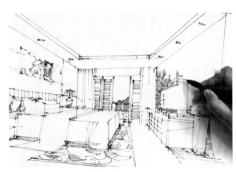

10.画有肌理的墙面不要满铺，只需从某个局部达到效果即可。

11.在效果图中表现平面的方位更能诠释空间结构，也很有情趣。

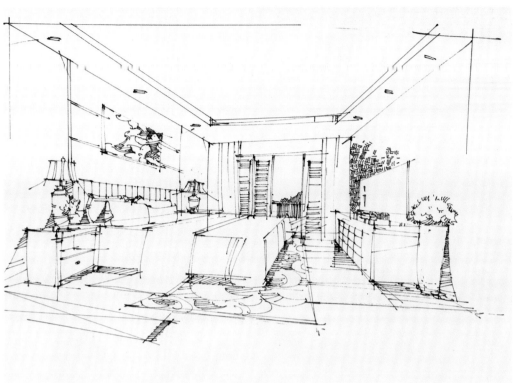

12.线稿完成。

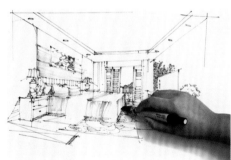

13.先用物体的固有色定基调画结构。

14.给地毯上一点光源色，画出它的纵深感，地毯要横着用笔，并要注意色彩的深浅变化。

15.浅色的基调定位以后，再画中间色调，横笔触画门窗，更显门窗的宽度。

16.加深配饰色彩，更好地反衬主体。

17.横向的体面竖向用笔，画电视屏也一样。

18.用笔触的宽窄、疏密，横扫天棚面，这样画纵伸感会很强。

19.为了使立面的色彩不跑边，先用即时贴遮挡一下，这样就可以放心地快速用笔了。

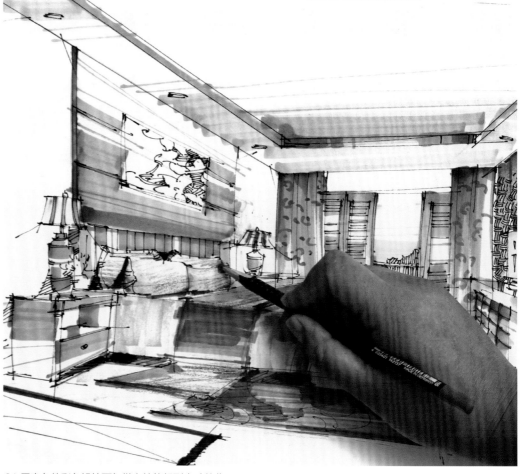

20.画床品，画柜体和小体积的物面用笔一定要稳、准。

21.用亮色的彩色铅笔画细微之处能起到点睛的作用。

22.总体色调基本完成。

23.进入局部修改阶段，此时用笔要细心。

24.加深地板色度，反衬家具。

25.用彩色铅笔在过渡马克笔笔触时不要太细腻。

26.画投影时笔触要与家具笔触形成反向，更能突出主体。

27.画远处的植物不要画得太绿，带点蓝色效果会好一些。

28.彩色铅笔在画地毯质感的时候只需寥寥几笔就能达到很好的质地效果。

29.在画装饰画时不要将画面画得太立体。

30.用修正液大面积地表现亮面刻画结构，是一种很实用的方法。

完成图

王雨亭卷大雍吾涉

卧室设计表现技法的工具造型手绘效果

三、客 厅

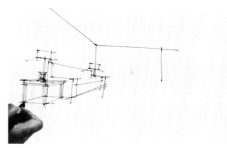

■ 学习指南：客厅是效果图中表现最多的一种，应坚持表现为设计服务的理念，在协调中求变化，用笔用色一切服务于设计表现。

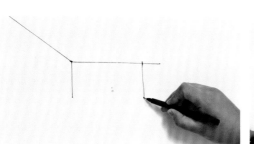

1.定纵深，定高度和宽度。

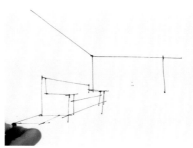

2.确定大空间后再从家具开始表现。

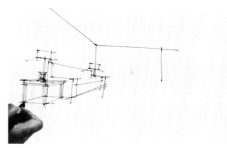

3.从局部表现时要控制好与主体相关连的比例和透视关系。

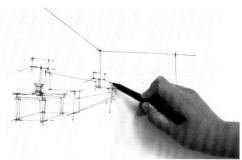

4.画对称家具时，要注意左右关系的形体变化和透视的一致性。

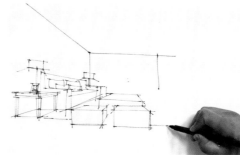

5.依次完成大的体量结构。

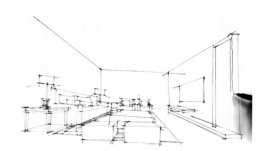

6.整体的透视感很重要，画竖线一定要"直"。

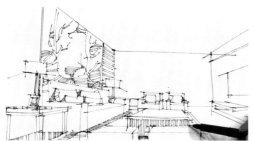

7.在表现阴影的同时也要表现结构。

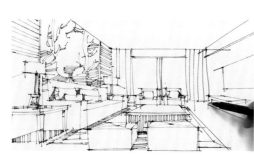

8.画窗帘的坠感，用笔就要平稳有力。

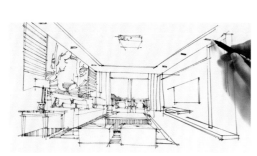

9.画小筒灯也要注意它的结构。

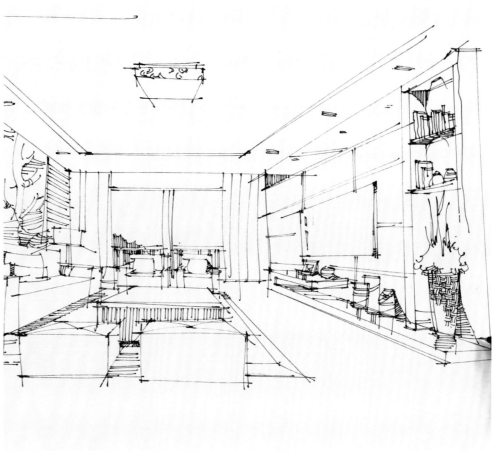

10.线稿同样能画出质感，投影的排线一定要美。

11.画地平面的横竖交替用笔，是表现纵伸感
和倒影的最好方法。

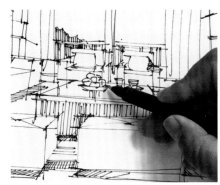

12.画小饰品可以有点绘画感，会很有情趣。　13.只做局部调整，线稿完成。

14.先从空间大结构入手定基调。

15.由浅入深围绕主题表现。　16.画天光时也要把光引入室内，这样空间会自然一点。

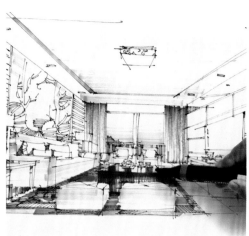

17.竖扫几笔窗帘的质感会很强。

18.画家具一定要注意它的边缘线和轮廓线，画受光面竖向用笔能表现光感。

19.细小的面无论是横扫还是竖画都要严谨。

20.同一色彩反复叠加可以增强色度。

21.画面的色彩笔触变化一定要序列感。

22.同线稿一样，竖向用笔更能表现光感和投影效果，但运笔一定要有力度。

23.结构与体量都能用笔触来体现。

24.横扫加反扫都是画灯罩比较好的方法。

25.防止笔触跑边，画小面时先用即时贴遮挡。

26.画出的体面清晰、硬朗。

27.深化背景植物反衬主体家具。

28.画抱枕用笔要快而有弹性。

29.画镜子用笔要硬朗透气。

30.调整画面时彩铅的笔触不要太密。

31.装饰画的画面不要画出立体感。

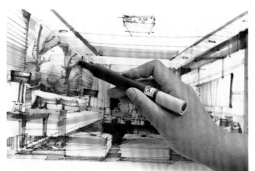

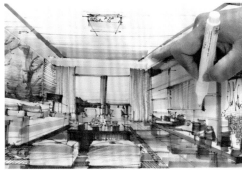

32.平涂画面，有形而统一。

33.点光源。

34.在修正液还未完全干时，用手快速涂抹就能画出光照的效果。

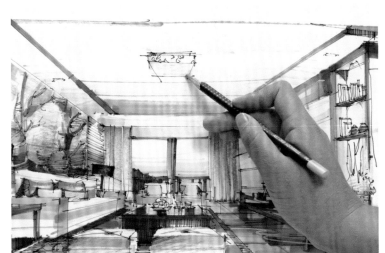

35.用彩色铅笔加强对光的表现。

36.淡淡地涂上几笔即可，因为它不是主体。

平面示意图 博达民汉大使馆手绘

完成图

四、儿童房

■ 学习指南：儿童房是最有情趣的地方，在表现时要尊重设计的基础，要活泼，色彩鲜艳但不可太花哨。

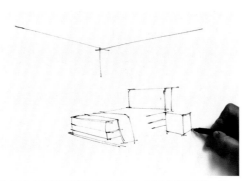

1.先定大空间尺度及透视关系，画床运笔要稳、准、快，并给下一步要画的物体留有空间。

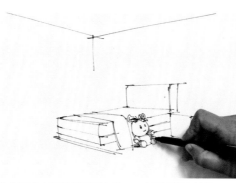

2.儿童房中玩具是不可少的，一定要画得有情趣。

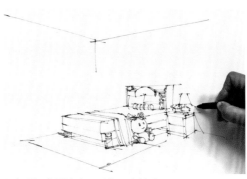

3.表现细节要认真，形体要有美感。

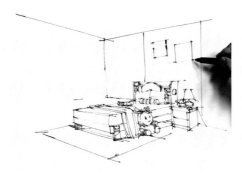

4.儿童房饰品很多，不要画得杂乱无章。

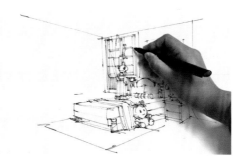

5.窗与纱窗的关系表现时要交代清楚。

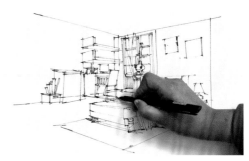

6.画桌椅运笔要有力度，造型要美。

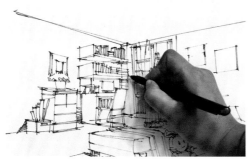

7.画书架上的物品要用以点带面的观点去表现，要整体统一。

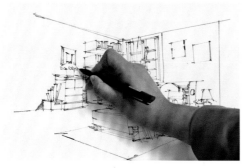

8.儿童房每一局部都是情趣之处，不可"一带而过"。

9.画圆形的灯要一笔完成，最好不要停顿。

10.地毯要平整而又有纵深感，纹理丰富而不杂乱。

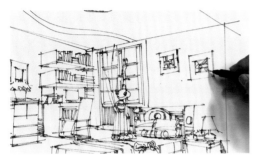

11.装饰画求其大形，用笔不要太多。

12.画的光影、透视一定要协调，一切美好的形必须服从于设计要求。

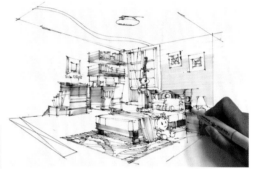

13.大面积铺设同一种颜色。

14.大面积铺设另一种颜色，并取得相互的协调。

15.加强同色相的深度，强化面与面的转折。

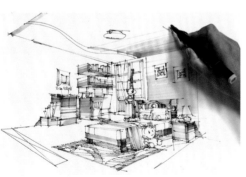

16.用宽窄变化的笔触表现天棚空间的进深感。

17.局部的天棚运笔同大空间表现一样，相互呼应协调。

18.对所有木制品做统一调整，强化形体和结构。

19.用扫笔的方式表现纱窗效果很好。

20.行笔要有力度而平稳。

21.画配饰反衬主体。

22.做局部修改。

23.调整阶段主要是"对比成像"，稍作休整。

24.用彩色铅笔调整画面、统一色调是一种很好的方法，笔触无需太细腻。

25.增强色彩的鲜明度。

26.彩铅是画地毯的最佳工具,很容易画出质感。

27.给小饰品上色让它活跃起来,但色彩不要画得太过,太过就容易跳出画面。

28.画地板要顺应纹理的感觉运笔,笔触平实而又要透气,竖向几笔就能很好地表现出倒影和光感。

29.灯具也应有冷暖的色性之分。

30.用修正液画亮面,强化体面结构,点高光。

31.以平涂的方法斜扫,统一而有变化。

32.画鲜艳的颜色一定要谨慎,点到为止,否则就会画得很花哨。

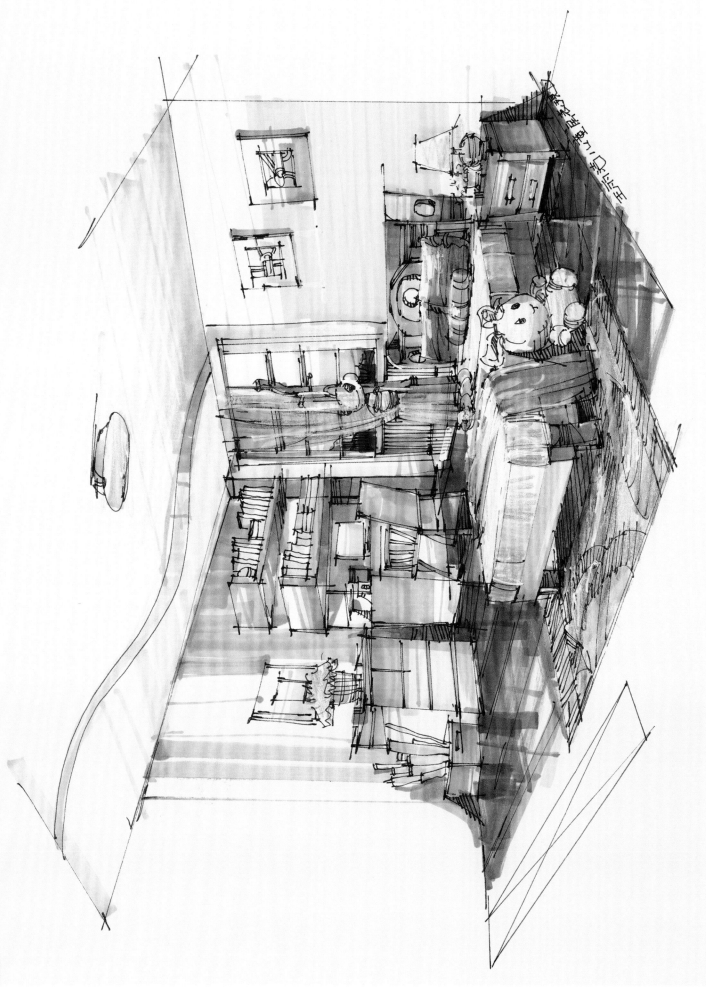

王丽洁

完成图

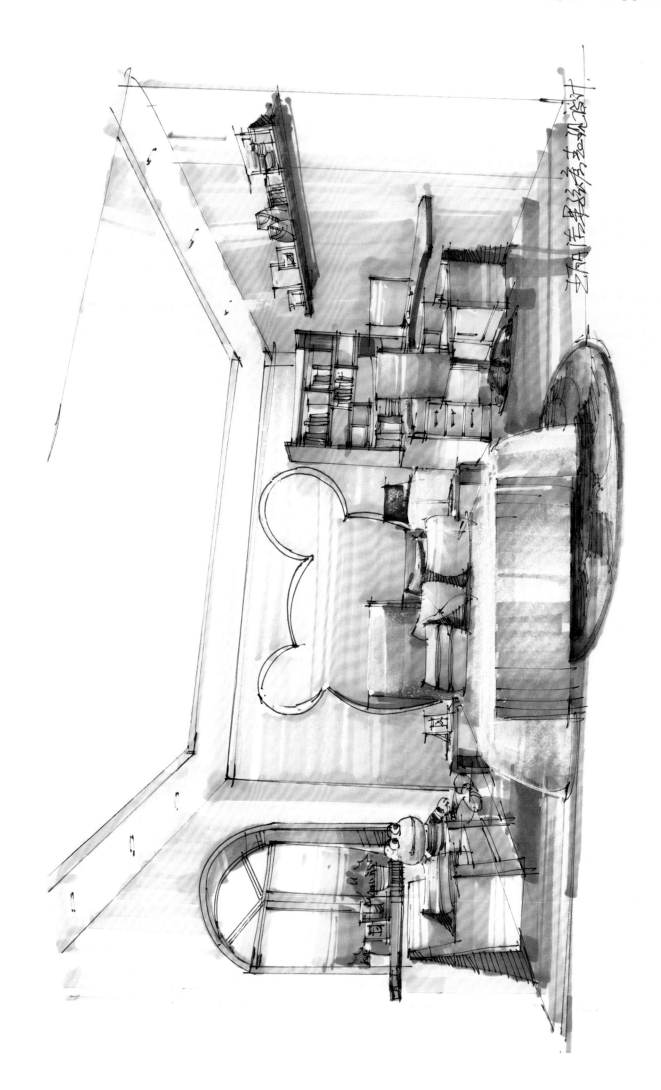

五、书 房

■ 学习指南：画书房单调而又复杂，单调在它的主体内容并不多，复杂在于它零星的
书籍和陈设不好表现，表现时多则肥，少则瘦。统一细小的笔触是画书房的难点。

1.选择一点透视比较容易控制复杂的空间，先画出空间的长、宽、高。

2.确定空间尺度后再着眼画家具，从单体逐步表现。

3.画左边的物体时也要兼顾到右边，相互协调。

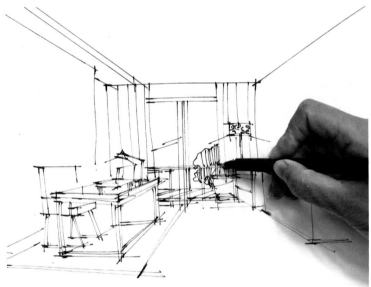

4.远处的树不需要画出立体感，排好线性即可。

5.每个饰品必须要有形、有体、有精神，投影要画得优美。

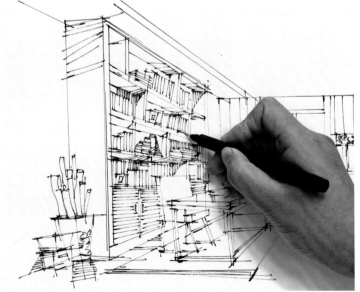

6.画书籍切记不要复杂，要以少胜多，运笔有力，结构要准。

7.画地砖、地板有一定的难度，大胆行笔很重要，这样能画出地面坚实的"基础"。

8.画好灯具能给画面增色不少。

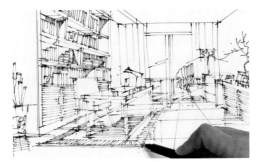

9.要表现出地毯的质感，透视要准，用笔不要杂乱。

10.对每一细节都要认真对待。

11.用浅浅的灰色画出空间结构，将天光引入室内。

12.试探性地给家具上颜色，确立马克笔的运笔方向。

13.用同类色强化主体家具色彩，行笔要快，下笔要稳。

14.扫笔表现窗帘质地，用笔根点缀花纹，叠加笔触增强窗帘色度。

15.深化背景是为了更好地凸显主体。

16.笔触的运用增添韵味。

17.对边缘线、轮廓线的表现要精准，这也是立体造型的一种方式。

18.一笔既要画出地毯的厚度，又要有投影感。

19.细节、局部表现每笔都必须到位。

20.投影要画得透气空灵。

21.竖向的物体横着画，效果会更好。

22.用彩色铅笔过渡马克笔笔触，使色调更为统一、协调，有时可以刻意表现一下光感。

完成图

六、浴室

■ 学习指南：浴室看似简单，但表现起来却有一定难度，因为它简单的造型既需要一笔完成，又要有丰富的体面关系，造型必须精准，这就是难度。

1.先定空间尺度。

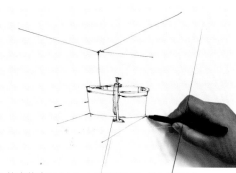

2.从主体家具入手，画弧线最好一次"定位"。

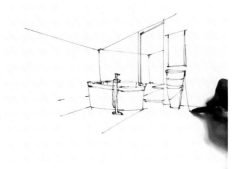

3.无论是圆柱体还是方形，运笔一定要有力度。

4.画洁具的边及外轮廓一定要硬朗。

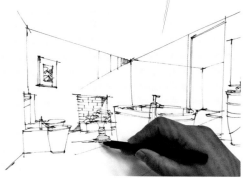

5.画次要的物体可以提炼和概括地表现。

6.斜拼砖纹要画出它的透视关系、比例关系。

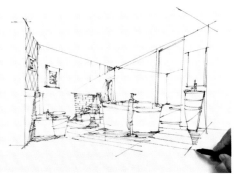

7.画投影是凸显和反衬形体的一种方法，表现时要尊重客观对象。

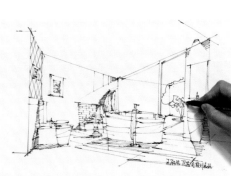

8.远景的植物要整体，图形的表现比较重要。

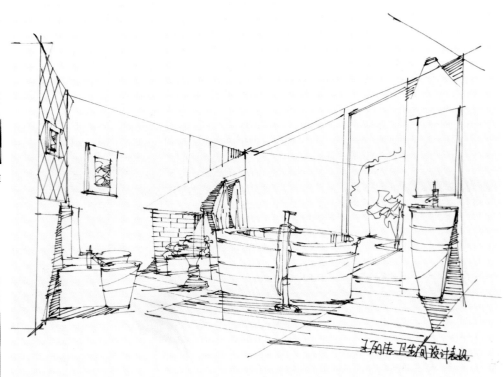

9.做局部调整，线稿完成。

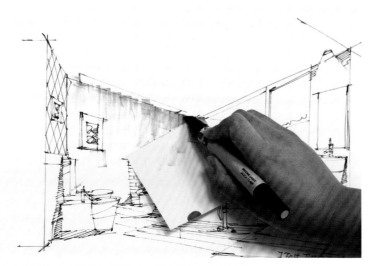

10.画墙面观感时先用即时贴贴住，横向的墙体竖着用笔。

11.天棚平面偶尔画几笔竖线，也能表现出顶面结构和光影的感觉。

12.彩铅画天空时由深到浅渐变表现。

13.画玻璃背面的景，同时要体现出结果和质感。

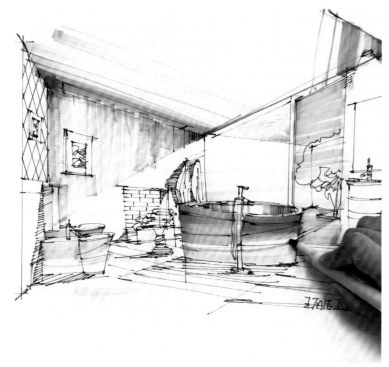

14.笔随形转，结构、体量为重点。

15.用不同色度的灰色表现金属质感。

16.横扫竖画，表现小结构效果会很好。

17.按照光的照射，用色彩的深浅变化，表现地板及光感。

18.先比划一下准备画投影，画局部。

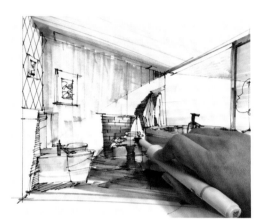

19.画固有色艳而不跳。

20.立面的结构斜向用笔，效果也会很好。

21.笔随形走。

22.表现光影中的倒影。

23.画淡淡的绿色，使玻璃质感更透。

24.用修正液画出亮面，点高光。最后对画面效果进行对比式调整，加强主体的对比，统一画面色调，表现设计感及空间氛围。

卫生间设计方案

完成图

第五部分　范画赏析

谢　王向洁

王丽洁

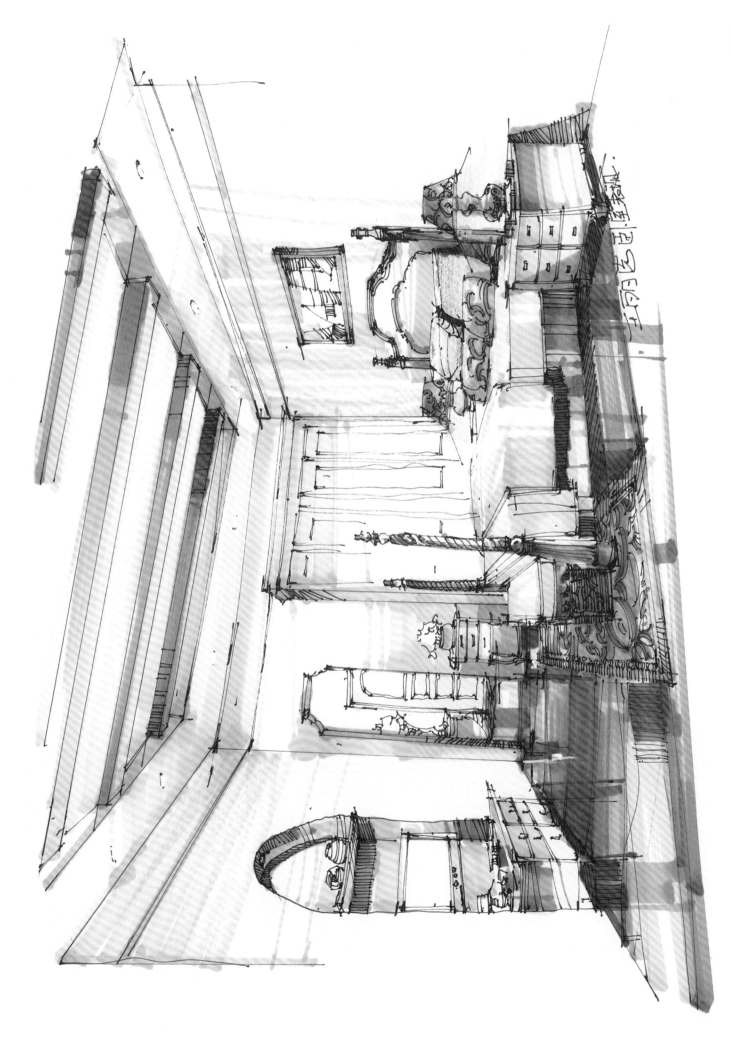

王丽洁

陈秋芬

美丽淳居卧室设计表现.

王丽洁

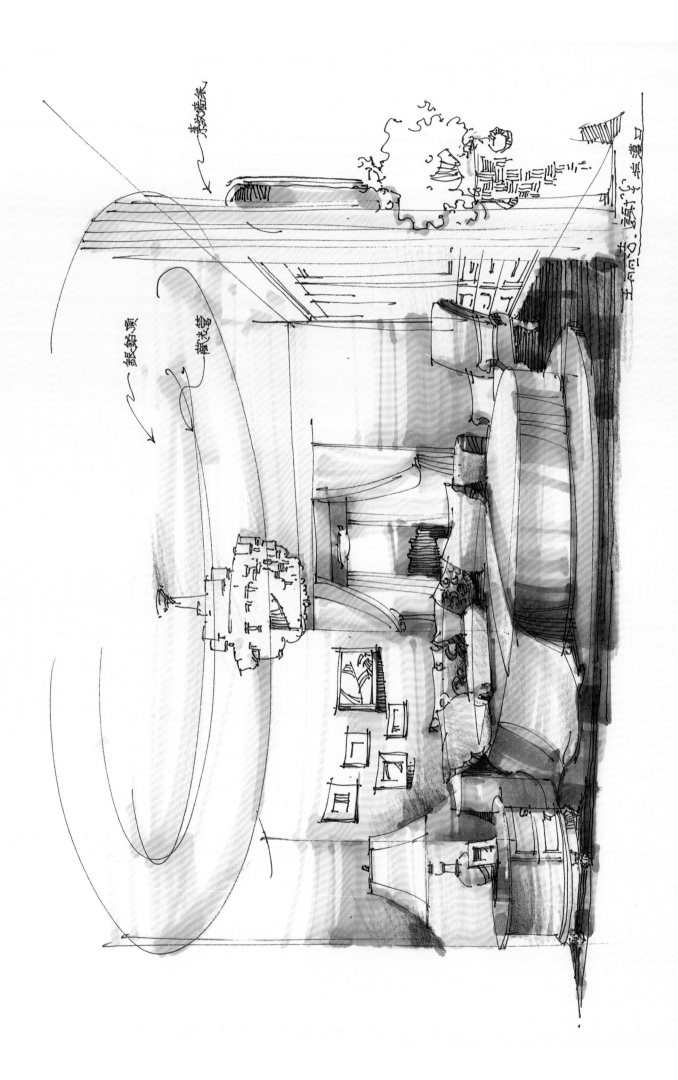

王师洁

卧室景观与造型效果

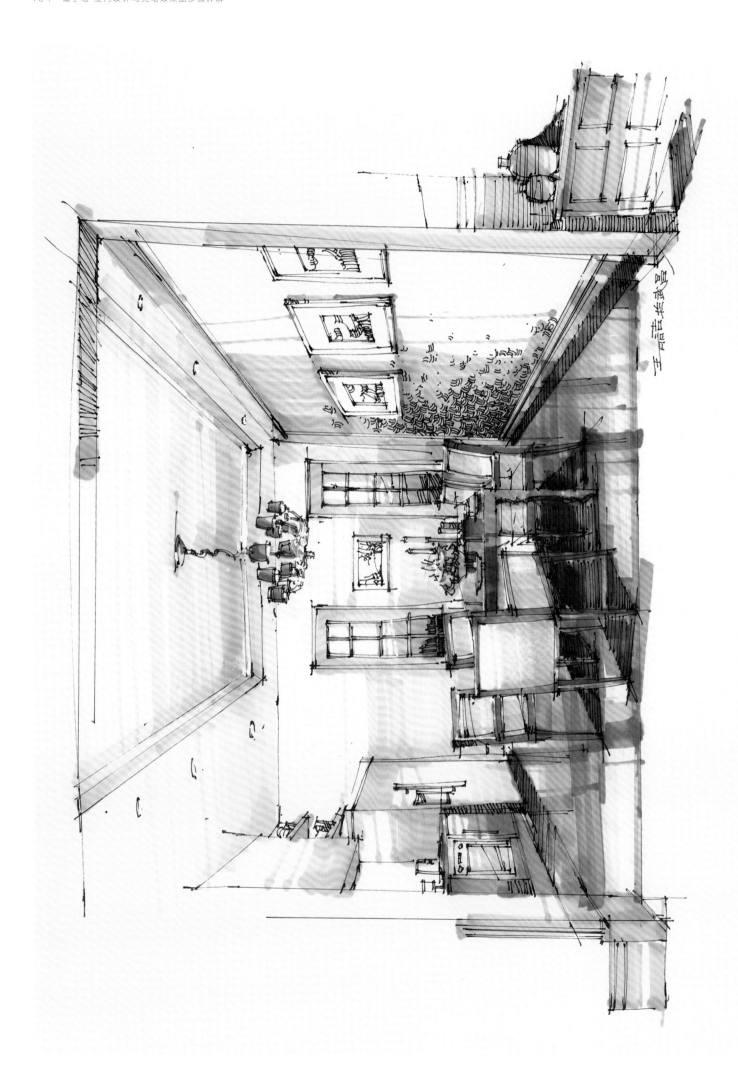

主题餐厅

主题餐厅手绘效果图

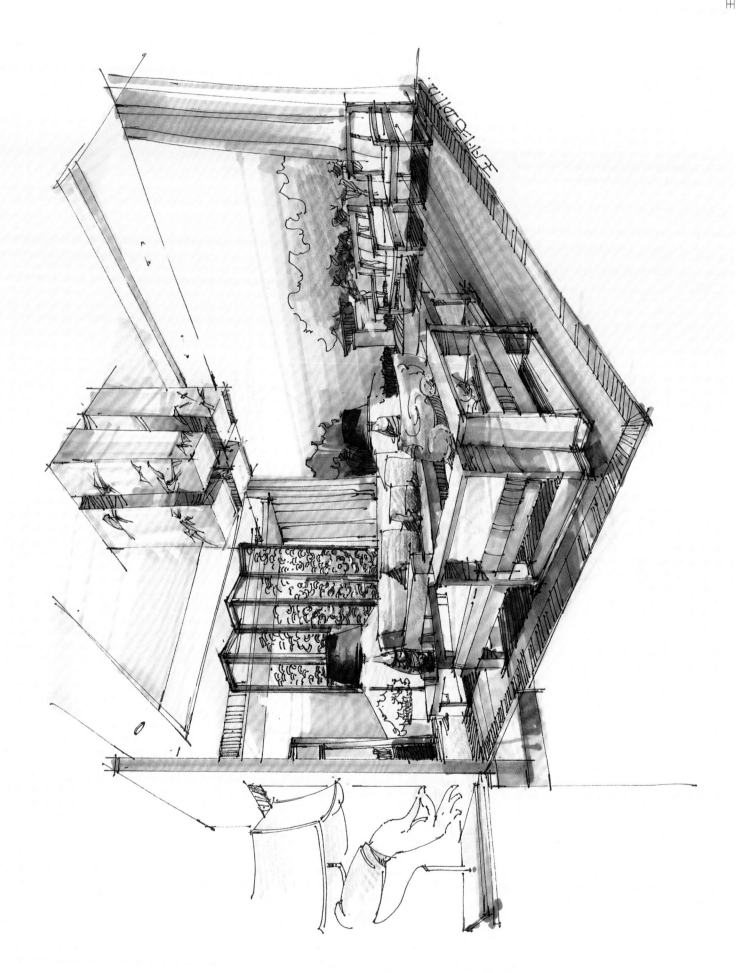

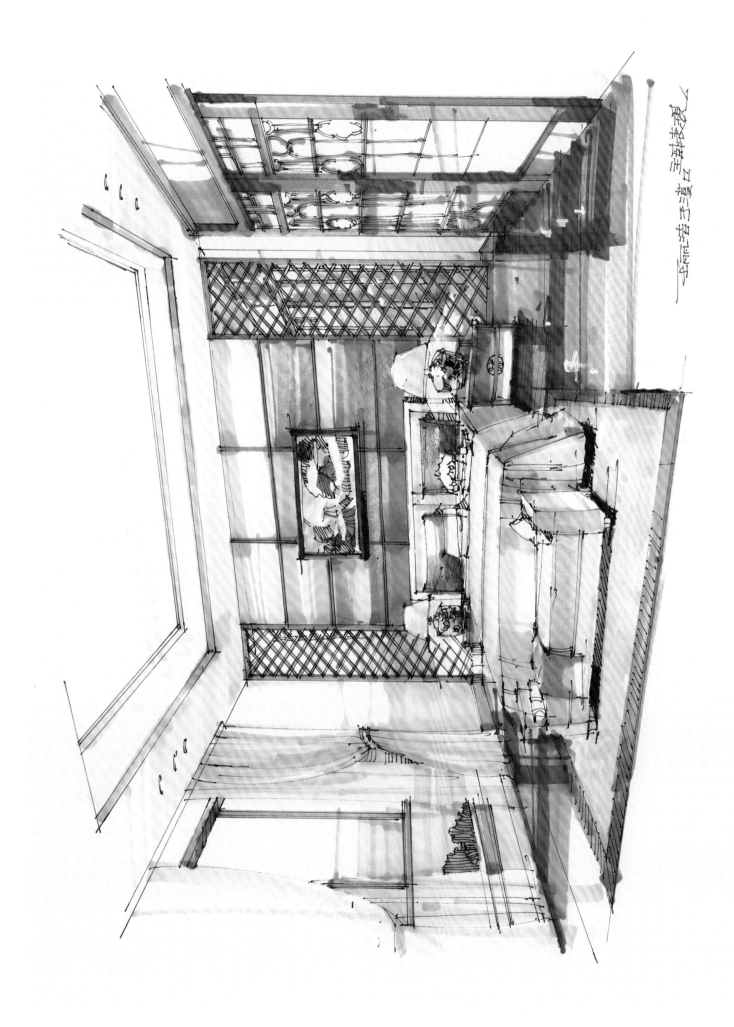

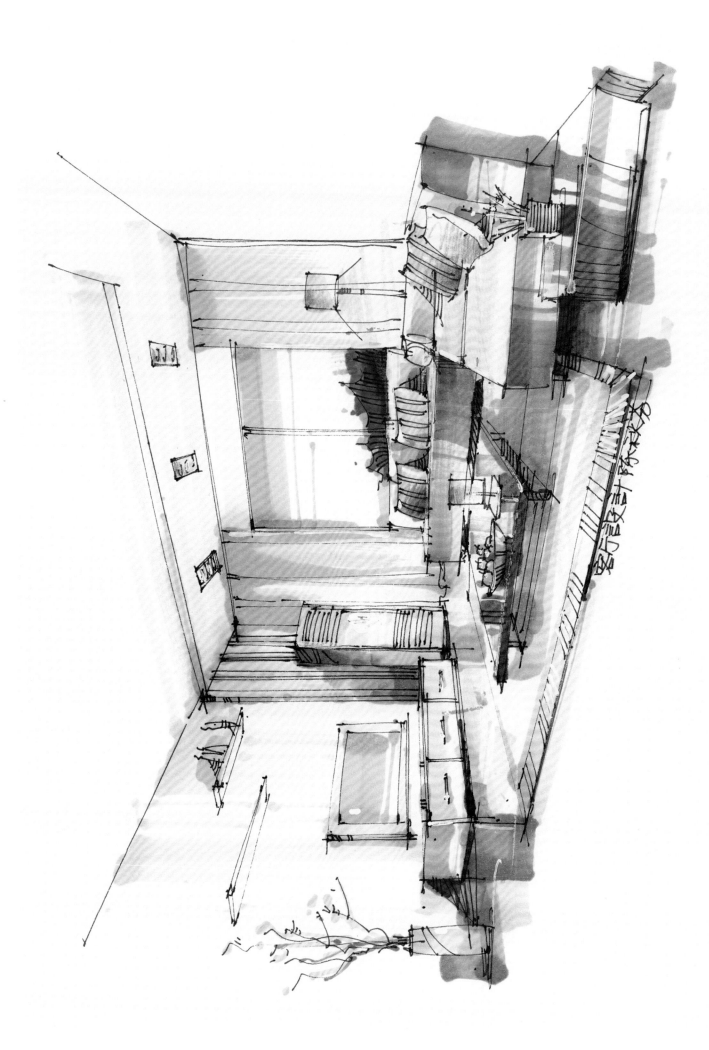

室内设计手绘表现　陈秋芬

客厅设计表现, 王丽洁. 2011.

王丽洁

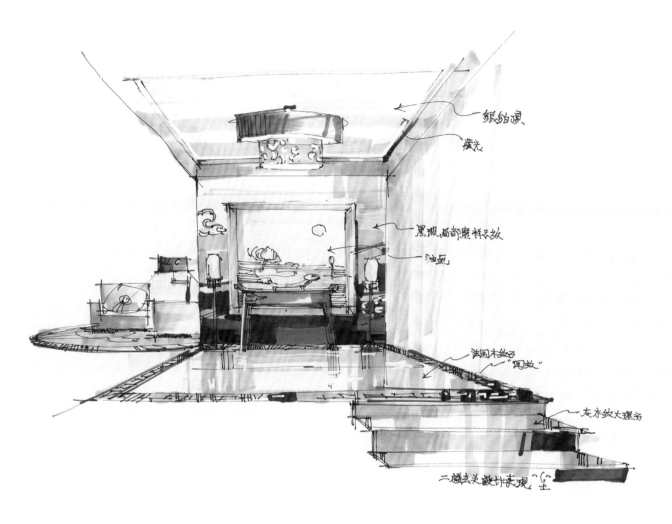

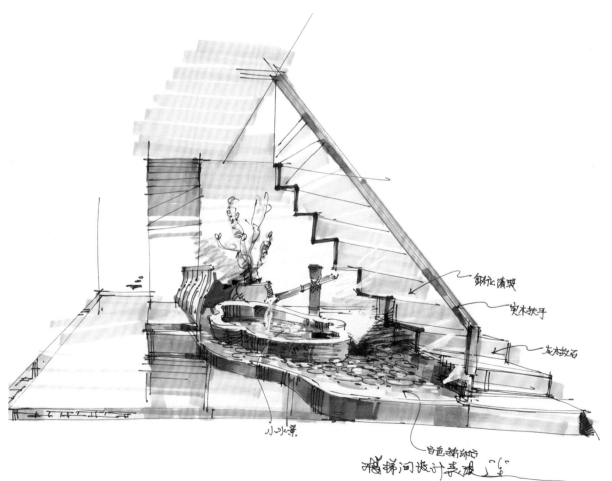

谢尘

客厅设计表现 · 马克笔

陈秋芬

王丽洁

室内透视线稿设计表现图[四]

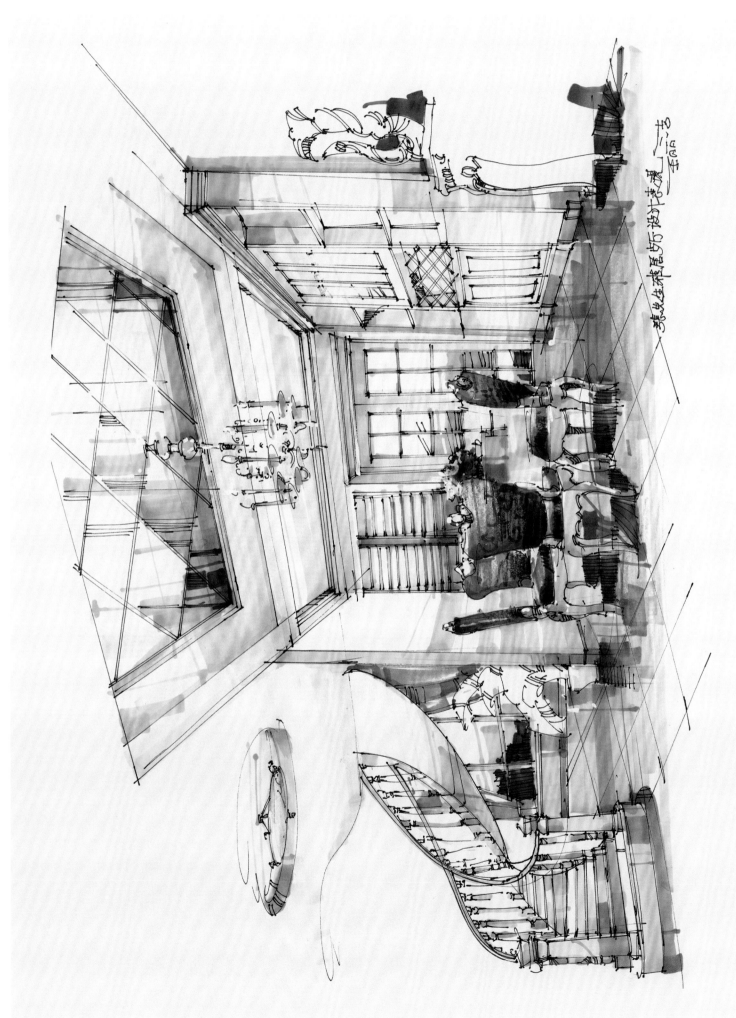

王向洁

陈秋芬

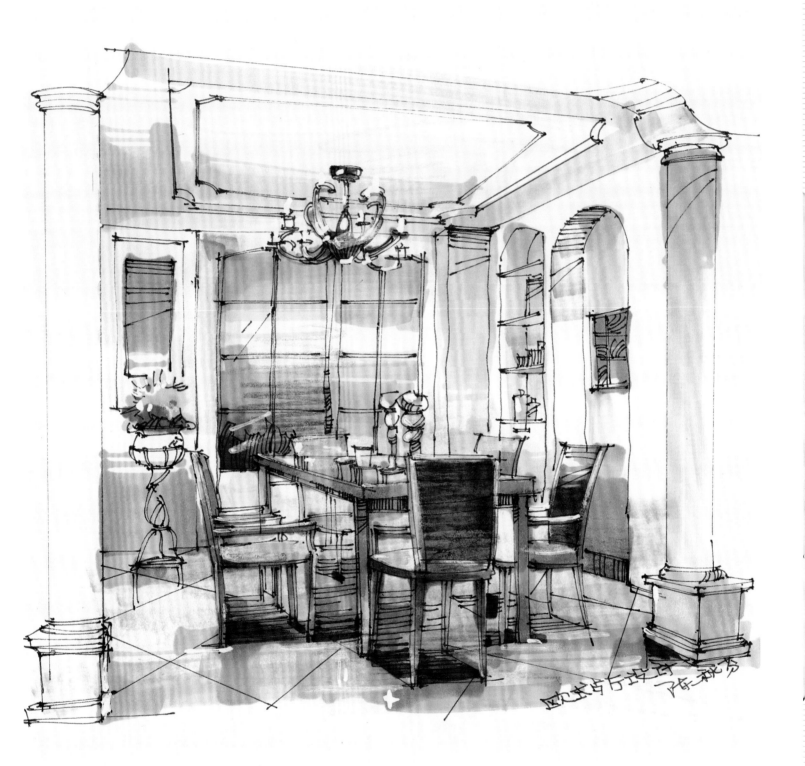

欧式古行政计

陈秋芬

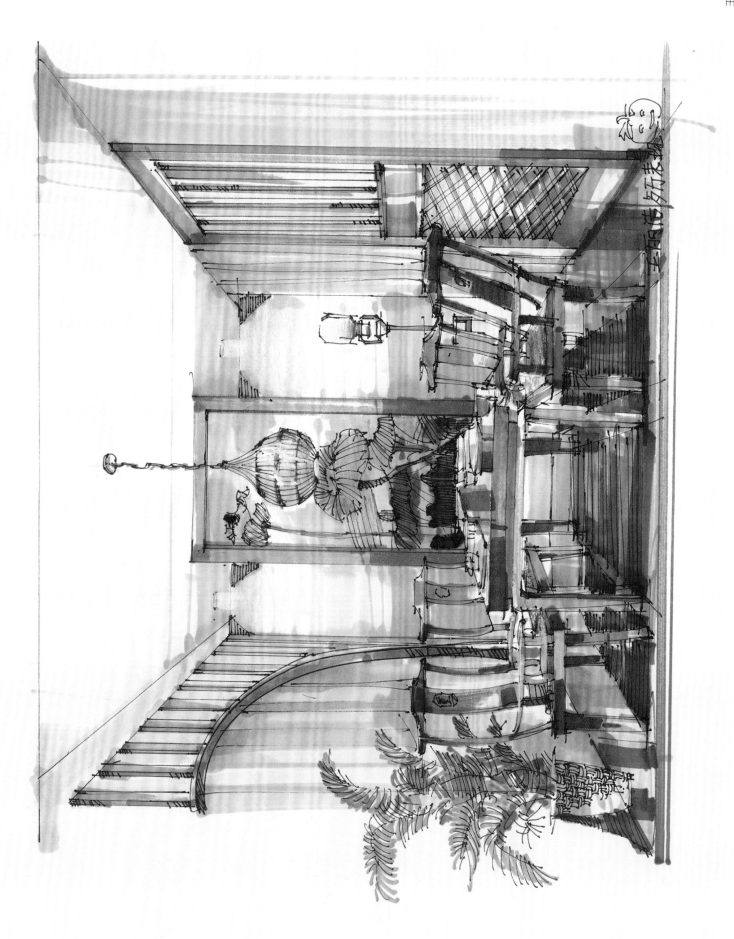

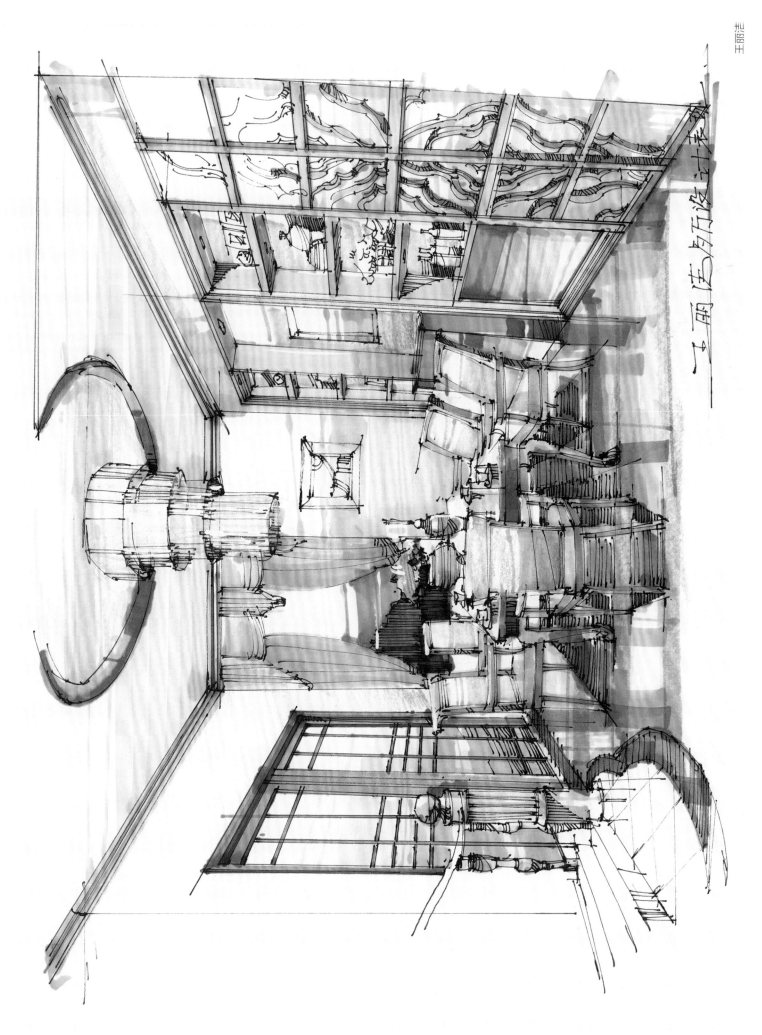

王丽洁

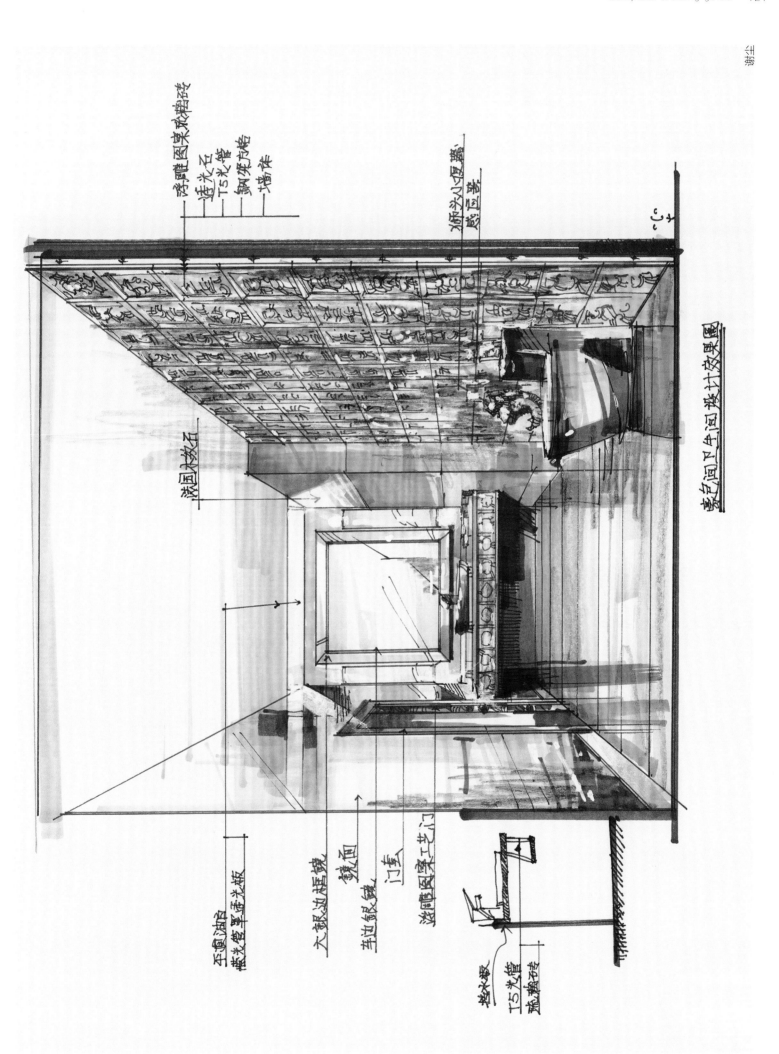

浮雕图案承插砖
透光石
T5灯管
钢丝方格
墙体

狮头八卦面墙
感应墙

淡色材纹石

玉砂油膏
磨光墙罩透光板

大银边框镜
镜面
车边银镜
门套
浮雕图案工艺门

踏步板
T5灯管
玻璃马赛克

玄关过道空间设计效果图

谢尘